考拉看看

KOALA CAN

传递价值

IN PURSUIT

奔向财富自由

OF FINANCIAL
FREEDOM

欧阳俊◎著

中国财富出版社有限公司

图书在版编目（CIP）数据

奔向财富自由 / 欧阳俊著 .—北京：中国财富出版社有限公司 ,2020.9

ISBN 978 – 7 – 5047 – 7220 – 6

Ⅰ . ①奔… Ⅱ . ①欧… Ⅲ . ①财务管理－通俗读物 Ⅳ . ① TS976.15 – 49

中国版本图书馆 CIP 数据核字（2020）第 156772 号

策划编辑	郑晓雯	**责任编辑**	张冬梅　郑晓雯	**特约策划**	考拉看看
责任印制	尚立业	**责任校对**	卓闪闪	**责任发行**	白　昕

出版发行	中国财富出版社有限公司			
社　　址	北京市丰台区南四环西路 188 号 5 区 20 楼		**邮政编码**	100070
电　　话	010-52227588 转 2098（发行部）		010-52227588 转 321（总编室）	
	010-52227588 转 100（读者服务部）		010-52227588 转 305（质检部）	
网　　址	http://www.cfpress.com.cn	**排　版**	云何视觉	
经　　销	新华书店	**印　刷**	四川科德彩色数码科技有限公司	
书　　号	ISBN 978-7-5047-7220-6/TS · 0108			
开　　本	710mm×1000mm 1/16	**版　次**	2020 年 12 月第 1 版	
印　　张	17	**印　次**	2020 年 12 月第 1 次印刷	
字　　数	238 千字	**定　价**	108.00 元	

推荐序一　把握趋势的力量

2020 年是具有特殊意义的一年，注定会在中国历史的车轮上烙下深深的印记，也注定是世界历史上不平凡的一年。

这一年，是我国全面建成小康社会和"十三五"规划收官之年，也是决战决胜脱贫攻坚之年。突如其来的新冠肺炎疫情及其在全球的蔓延所形成的巨大冲击，给人民和社会都造成了巨大的财富损失，也给经济社会发展带来了许多不稳定性和不确定性。

可以说，未来较长一段时间内，黑天鹅和灰犀牛事件将会不可预见地发生，不确定将成为常态。不过，中国经济长期向好、稳中向好的趋势和前景不会改变，中国将继续发展，从全面小康奔向富裕，实现中国梦。

改革开放以来，中国用 40 多年的时间，快速地走完了发达国家过去用一二百年走过的路，我们每个人都是亲历者，也都是受益者。农民工大规模进城，城镇化全面展开，加入 WTO（世界贸易组织），成为"世界工厂"……中国以极快的速度完成产业转型，推进中国制造走向世界，生产力和产业结构在一代人的时间内发生了翻天覆地的变化，实现了社会财富的迅速增长和人民生活水平的快速提高。

40 多年前，很多人还在为温饱问题而奋斗；而如今，随着我国经济的发展，物质财富已经非常丰富。世界银行的统计数据显示，中国 1978 年人均 GDP（国内生产总值）是 156 美元，2019 年人均 GDP 达到 10276 美元，已经进入中等收入国家的行列。可见，这 40 多年中国经济发展与财富增长的速度是非常快的。在这一阶段，人们追求更高品质的物质文化生活，甚至追求财富自由，这是时代发展的必然趋势，也是广大人民群众的普遍愿望。

"中国梦"的奋斗目标是全面建成小康社会，到 21 世纪中叶建成富强民主文明和谐的社会主义现代化国家，实现中华民族伟大复兴。这需要积累有质量的新增财富，做好新增财富的分配。

从实际出发，我认为积累有质量的新增财富有四种途径。

第一，财富转移，即把其他国家和经济体的财富通过各种渠道转移过来，支撑本国人提高生活水平的需求。

第二，科技创新，研发新产品，创造新财富。改革开放 40 多年来，中国在科技领域取得了长足进步，加之具有后发优势，善于"干中学"，获得了巨大成功，但仍然无法全面满足人民迅速提高生活水平的需要。

第三，有效配置劳动资源，提高劳动生产率。中国目前的劳动生产率仍然低于发达国家平均水平，有着巨大的提高空间。

第四，尽量做大经济规模，迅速提高创造新增财富的能力，进行分配、再分配。中国自 20 世纪 90 年代以来迅速扩大经济规模，由此获得了财富的极大增长，人民生活在此基础上得到了很大改善。

从历史和当前的实际出发可知，依靠获取世界其他国家和经济体财富并使其为己所用而创造新增财富，既不是我们的初衷，也不现实；促进经济和产业结构变化需要时间和成本，科技进步也需要时间和更大的投入。但人民追求美好生活的意愿强烈，如何在较短的时间内最大限度地积累新增财富，提高人民的生活水平？最简单、最直接的办法就是迅速做大规模、提高产能。

想要让自己的财富增值，实现财富自由，也需要把握经济大势，用于指导投资。

《奔向财富自由》这本书的作者欧阳俊以人生为尺度，探索致富密码，并对如何实现财富自由给出了经过深思后的个人建议。或许并非人人都能够实现财富自由，但是通过阅读本书掌握更合理可行的资产配置方式，至少在面临变局时更能够避免财富损失，或者可以获得比其他人更高的回报。

《奔向财富自由》从哲思和实操的角度分别对当代中国人应保有的理财观进行剖析，比如，关于复利的重要意义，关于在投资行为当中加入时间维度等。作为投资者，我们或许已经感受到，获得投资成功，靠一己之力越来越难了。

投资是建立在充分的准备、理性的判断、冷静的分析、完善的知识储备和敏锐的市场嗅觉上的，对于专业度的要求也越来越高了。因此，未来的中国金融市场中更多的将是机构行为，而我们投资者要做的就是：审慎选择、信赖托付。

书中还提到了"人生的财富观"，人生的财富不仅是"利"，还有"名"。"名"就是我们所说的声望，是否有"名"不在于我们是否成了"流量英雄"，而在于我们可以为社会做出怎样的贡献，这是人生价值观范畴的思考，也是作为企业家的社会责任。

在书中，作者表达了这样一个观点：现代社会，一个人的阶层决定了其能动用的资源，个人信用的数字化会促进个人信用资本化和个人行为金融化的转变，让诚实守信的人得到奖励，让失信赖账的人寸步难行。信用社会的建立可以将人们的"名"与"利"统一起来，守信的人名利双收，失信的人名利皆失。我非常认同作者所说的"名"与"利"的相互依存关系。

人生海海，实现财富自由是多少人毕生的追求，但又有多少人能真正懂得其本质？50 年一个长周期，10 年一个短周期。对于我们来说，最重要的就是把握趋势的力量。

最后，希望各位早日奔向财富自由。

著名经济学家、中国人民大学教授

2020 年 10 月 8 日

推荐序二　财富观是一种人生观

2020 年，新冠肺炎疫情在全球蔓延，此次疫情也成为人类历史上罕见的"黑天鹅"，对全球经济造成了空前的冲击。疫情之下，我之前的一些计划、几个正在进行中的项目，都多少受到些影响。恰巧，欧阳俊先生的新书《奔向财富自由》即将出版，给我寄来了这本书的样稿，并希望我能写一篇序言，我欣然答应。

这本书是欧阳俊先生多年来从事投资研究与金融实践的心血之作。在这个充满焦虑与不安的时刻，能读到一本乐观主义的好书，实乃一件幸事。

欧阳俊先生的《奔向财富自由》摆脱了以往理财、投资类图书只关注"术"的弊端，而开宗明义地提出财富观乃是一种人生观，即人生的名利观，并从"道"的角度解读财富，让人耳目一新。

受中国传统文化和经济体制的影响，在改革开放之前，中国人对财富普遍没有什么概念，更不用谈财富观了。改革开放 40 余年，人们的财富观开始"觉醒"，这也改变了不少中国人的财富阶层。欧阳俊先生亲历了中国改革开放这一进程，享受到改革开放的红利，见证了人们从贫穷走向富裕。书中，欧阳俊先生从亲身经历出发，解析宏观环境下人们财富观的变化，由点到面地诠释他对财富的理解，读者不仅能感受到改革开放、制度变迁、人口代际变化使人们生活发生的改变，还能明白应该如何建立正确的财富观，如何选择更优的资产配置作为财富的载体。

欧阳俊先生认为，实现财富自由，首先需要树立的是良好的财富观，而不是仅仅将财富等同于金钱。在投资领域从业多年，对于他的这一观念我十分认同。金钱只是财富的冰山一角，财富的意义远大于金钱的范畴。我们的知识、技能、人脉、声望、时间、家庭等，都是广义上的财富，只有以财富的眼光去理解它们，将它们纳入资产配置的范畴，才能够真正幸福地度过一生。

说到底，财富观是一种人生观，财富自由是一种人生自由。投资者只有理解了这一点，才能够游刃有余地规划自己的资产。现如今想实现财富自由的人很多，对于他们而言，通过投资实现财富自由是一个比较好的方法。对于今天的中国人来说，实现财富自由，提升自己的物质文化生活水平，是每个人的追求。

当前中国家庭财富结构出现三类趋势：从储蓄到理财，从房产到金融资产，从境内市场到境外市场。2020年1月，国家统计局公布2019年中国国民经济运行情况，2019年全年国内生产总值（GDP）为99.0865万亿元，中国人均GDP已经突破1万美元，步入中等收入国家行列。这也意味着人们的收入增加、生活水平有了显著的提高，也有更多资金用于投资。

关于投资，我来告诉你一个真相：如果不投资，你的财富就会缩水。这可不是危言耸听，而是财富的"时间价值"决定的。

学生时代，我曾在纽约大学修过一门证券分析课，谈到了钱的"time value"，即所谓钱的"时间价值"。举个例子，在100年前的纽约，坐一次地铁只需5美分，买一个热狗3美分；而现在，在纽约坐一次地铁和买一个热狗都涨到两三美元。可见，随着时间的推移，钱在不断地贬值。当时授课的教授亚瑟说的一句话至今让我印象深刻："投资不一定会赚，但你要是不投资，肯定亏！"为什么呢？因为不投资的话，你放在家里的钱随着通货膨胀，肯定会渐渐地贬值。

所以在当下，人们焦虑的不是如何摆脱贫穷，而是如何防止手上的资产贬值，进而实现增值。那么，应该如何配置自己的资产？

2008 年，我看到美国一家机构的统计报告，统计了美国多年来各种投资工具的回报率。如果人们在 1925 年将 1000 美元存在银行里，到 2005 年，就会变成 1 万多美元（按复利计算），因为这 80 年来平均年利息是 3% 左右，存在银行的资产涨了 9 倍多。但是这 80 年的平均通货膨胀率约为 3.5%，即 2005 年时超过 1.5 万美元才相当于 1925 年 1000 美元的购买力。也就是说，人们将钱存在银行里亏了不少。

可见，钱放在家里会不断地贬值，而放在银行的普通账户上也是不行的，因为利息赶不上物价的上涨。那钱究竟放在哪儿最好呢？

在美国，几乎每家银行都是 FDIC（Federal Deposit Insurance Corporation，联邦存款保险公司）的成员，所有的存款账户都有 FDIC 保险，即使存钱的银行倒闭，每一个拥有 10 万美元以下（最近提高到 25 万美元）账户的客户都将获得 FDIC 的支付偿还。

政府债券的平均投资回报率是 5.5%，如果人们在 1925 年投入 1000 美元买政府债券，到 2005 年会增值至 7 万多美元（按复利计算）。而房地产市场平均每年的增值率为 6%，1925 年市值 1000 美元的房产，到了 2005 年价值在 10 万多美元左右。虽然在美国要缴纳 1% ～ 3% 的房产税，好多社区还有 1% 以上的教育税以及维护房子的费用等，但如果将房子出租的话，房租和各种税项及维护费用相抵。

因此，政府债券和房地产是能够基本实现财富保值增值的。那么股票呢？股票是能抵御通货膨胀的，但投资者同时要承受本金的损失风险。

不论如何配置资产，都需要坚持一个原则：要投资而不要投机。

我初入华尔街时，经常听到这两个词：investment——投资，speculation——投机。从中文上看，两个词只差一个字，但实际上意义截然不同。投资的收益主要来自投资物所产生的财富，而投机的收益主要来自另一个投机者的亏损。换句话说，投机是零和博弈，如果扣除参与市场的各种费用，甚至是"负和游戏"。

对于普通人而言，最重要的就是投资自己，把自己变成一个最有价值的"商品"（或"金融产品"），可以说这是只赚不赔的买卖，无论短线、长线都能得到最大的回报。

在商品社会里，几乎什么都能成为商品，包括人自身。而在所有投资的商品中也只有"自己"是我们真正能把握的，并能产生最稳定的长线回报。

投资自己，让自己有足够多的知识储备、足够广的视野，进而提升驾驭财富的能力。这样，财富才不会成为我们的压力及负担，而是成为我们实现美好生活的工具。然后，经营好自己喜欢的事业，引导财富跟着我们的事业、喜好走，而不是我们追着金钱走，这样财富便会接踵而至。同时，进入一个好的圈子，向身边的人学习，或者吸取经验教训，正所谓物以类聚、人以群分，环境的重要性自然不言而喻。

最后，我想从财富的角度解读曾国藩墓志铭中的"信运气"：获得小财富靠勤劳，而获得大财富很大程度上需要一部分运气和机缘。人生在世，切不可把金钱作为唯一目标，而是应该把实现人生价值作为终极追求。

央视纪录片《华尔街》《货币》学术顾问

国际金融专家

陈思进

2020 年 10 月 8 日写于多伦多

自　序

我的办公室里有一幅油画，画中有一叶小舟在波涛汹涌的峡谷里穿行，巍峨的山峰耸立于两侧。小舟一路穿越悠长的峡谷，最终迎来壮阔的天空。

这是我偶然得到的一幅画，画作是我国当代著名艺术家朱曜奎入选"大红袍"的作品，画作名为《长江春晓》。2019 年 7 月，在这间办公室里，在这幅画前，我与考拉看看团队商议新书写作事宜。考拉看看团队的成员说，欧阳老师，这幅画正好代表了一个人在一生中的财富自由追寻之路，新书应该由这幅画展开。

的确，这幅画极契合我的心境，契合置上股权的发展历程，更契合人对财富自由的追求。很多人说，投资是一场修行，因为投资是一种生活方式，而生活本身就是一场修行。在我看来，投资也好，生活也好，不管是不是修行，都源自人的本心，因为行为就是本心的投射。我长年从事投资研究与金融实践，每天见证高楼起落，感慨万千。在纷繁复杂的金融世界里，道路狭窄又漫长，如同这叶扁舟，能够支撑我们前行的，唯有一颗坚定的心。

这颗心是什么？我想以置上股权的投资理念和经历与你分享，这颗心就是对时代机遇始终抱有的感怀，对国家坚定的支持与拥护，对父老乡亲深厚的情谊，对生命的敬畏，对财富的深刻理解，对规律与本质的不倦追求。在本书中，或许我不能为你打开一道门，但至少可以为你开启一扇窗。

我出生于 20 世纪 70 年代，真真切切是伴随着改革开放成长起来的。时代对于我这代人的冲击与影响实在太大了，它刻在人们骨子里的印记就是从贫穷走向富裕。过去，人们的生活普遍贫困；今天，人们的生活已发生翻天覆地的变化。

鸦片战争以来，战乱带给中国人民长期的贫困，造成财富断层，继而使人们形成了落后的财富观念。因此，我想用这样一本书来表达一种可能正确的财富观念，帮助人们用科学的资产配置与投资实践塑造财富自由的人生。2020 年 1 月 17 日，国家统计局发布，2019 年我国 GDP 接近 100 万亿元大关。按年平均汇率折算，我国人均 GDP 已突破 1 万美元。一个有着 14 多亿人口的大国，进入人均 GDP 上万美元时代，堪称人间奇迹。人均 GDP 历来是衡量世界各国经济发展水平的重要指标，反映了一国或地区人民的经济贡献或创造财富的能力，数值越高，说明创造财富的能力越强。

在我国，个人财富的积累以一种超乎想象的速度发展着。根据 2020 年福布斯发布的第 34 期全球亿万富豪榜，中国内地有 389 位富豪上榜，财富总额达到 1.2 万亿美元。对于国家而言，整个社会的财富增多了。对于普通百姓而言，最直观的感受就是人们变得有钱了。而财富累积的背后，是人们财富观念的转变。

改革开放 40 多年，是计划经济向市场经济转轨、经济腾飞的 40 多年，更是人们意识觉醒的 40 多年。在财富观念上，中国人经历了从羞于谈论财富，到追求财富自由的过程。如何建立正确的财富观？如何建立适合自己的财富观？我想这是授人以渔的事情。在本书里，我提到了一种新的财富观，即人生名利观。财富自由不仅意味着物质财富的满足和自由，也包含精神财富的自由。追求财富自由，是追求"名"与"利"的统一与和谐。我们讲的财富观，是客观理性的，"名"和"利"是两个中性词，是好是坏要看获得它们的手段是否正当。"名"不在为"名"，而在于名誉、名望、名声，是不论我们拥有多少财富都会毕生追求的东西。"利"不在为"利"，而在于对人生的投资，通过投资，让我们的人生有更多的可能性，让我们更具有责任感。我们的人生就是这样跟"名"和"利"紧紧结合起来的。我们的人生也是这样围绕"名""利"二字，为拥有更好的未来而努力奋斗着的。

财富观是名利观，更是人生观。认清"名"与"利"，认清它们的本质就是消费与投资，我们就拥有了一个基本的财富观。财富自由的源头是拥有正确的财富观念，财富观念需要通过资产配置来实践。广为人知的标准普尔家庭资产四象限模型，为人们提供了一种组合投资的方式。但是，这种资产配置方案考虑的是有形资产的配置，在我们倡导的人生名利观中，作为"名"的无形资产也应该在一个人一生的资产配置中体现出来。为此，我们将人的一生分为青年、中年、老年三个大的时期。在不同时期中，认清个人的资产情况，分清有形资产和无形资产，明确配置目标是"名"多还是"利"多，据此来确定各个时期的资产配置方案。

在这样一个大的目标下去考虑资产配置的各个方面，我们会发现，财富自由始终会将人的生命作为前提条件，因为"利"与人的生命长度相关，"名"与人的生命深度相关。如此，我们再来看财富自由的几大板块，或许会豁然开朗。

关于致富：康波理论告诉我们，平均约50年为一个经济长周期。截至2019年，中国人的人均预期寿命是77.3岁。因此，每个中国人的一生中至少有一次致富机会，这是周期的机会，也是跟随时代机遇获取财富的机会。

关于财富：基因论认为，人来到这个世界上是以人类自身的繁衍为目的的，实现繁衍的前提是满足生存和生活的基本需求，而支撑生存和生活的是财富。我们拥有多少财富，往往就决定了我们拥有多少权利。

关于金融：金融是货币资金融通的总称，主要指与货币流通和银行信用相关的各种活动。时间、资金和风险是相关活动中的一部分影响因素。时间可以创造价值，资金可以用来投资，金融可以分担风险。

关于基金："投资收益＝资金的时间价值＋通货膨胀率＋风险报酬"，结合这一公式来看，相对而言，私募基金的投资回报率更高。

关于保险：买保险，从某种意义上讲就是签订了互助契约，用最小的代价（保险费）获得最多的互助金（保险金）。

关于房产：房价增速有一个经典公式："房价增速＝经济增速＋通胀速度＋城镇化速度"。这个公式解释了全球主要发达国家房价上涨的部分原因，同样也可以用来解释中国房价上涨的原因。这说明，房地产可以跑赢通货膨胀，是抗波动的优质资产。

关于家族：人在一生中需要用名利观来看待资产，家庭和家族也一样。当资产达到了较大的规模后，就更应该围绕"名""利"配置家族的"人生"。

名利观下的财富自由，超越了一般意义上的财务自由，它包含了更多的人生幸福感、满足感、成就感。人在一生中的不同阶段有不同的使命，会实现不同的人生价值。人的物质追求有限，精神追求无限，财富自由这条道路永无止境。

希望这本书能够帮你打开属于自己的财富自由之门。

欧阳俊

2020 年 10 月 14 日写于成都

目　录

第一章　立足当下，活在未来

1　现在就是最好的时代　　　　　　　　　　003

2　中国人是怎么富起来的　　　　　　　　　010

3　富人越富，穷人越穷　　　　　　　　　　017

4　何处安放你的钱　　　　　　　　　　　　023

5　一生至少有一次致富机会　　　　　　　　028

6　你不能回到过去，但你可以活在未来　　　036

第二章　认识财富

1　中国人还会更有钱吗　　　　　　　　　　045

2　通货膨胀让财富缩水　　　　　　　　　　053

3　财富差距因何而产生　　　　　　　　　　061

4　财富是一种权利，更是一种观念　　　　　065

5　什么是财富自由　　　　　　　　　　　　068

第三章　金融可以让钱生钱

1　金融的本质　　　　　　　　　　　　　　075

2 投资不易，借钱更难   079

3 银行的风险   084

4 负债没那么可怕   088

5 金融是一种中介服务   095

6 重新理解网络借贷   099

第四章　契约精神，信托责任

1 我为什么做私募   109

2 私募为何"私"   113

3 私募基金风险大吗   117

4 关注产业地产基金   121

第五章　当你买保险的时候，你买的是什么

1 你了解保险吗   127

2 保险的本质   132

3 相互保险的实践   137

4 打造多层次保险机制   140

第六章　房地产还值得投资吗

1 房地产的价值   147

2 住宅值得买 or 不值得买都说错了   154

3 钱不够就不能买房吗   160

4 如何让不动产动起来   164

5 分时分权的养老旅居   168

第七章　资产配置——通往财富自由之路

1　资产配置——富人的标配，穷人的观念　　　175

2　重新理解标准普尔家庭资产四象限　　　182

3　用复利思维规划人生　　　187

4　怎样找到好资产　　　191

第八章　人生在世，名利双收

1　投资为利，消费为名　　　197

2　信用也是资产　　　202

3　消费四象限　　　206

4　实现资产最佳配置　　　211

第九章　认识你所在的时代

1　迎接打破刚兑的冲击　　　221

2　警惕个人破产保护制度　　　224

3　从中美贸易摩擦到科技战、金融战　　　228

4　数字货币及区块链带来变革　　　234

5　中国国运蒸蒸日上　　　240

后记

第一章

立足当下，
活在未来

"

改革开放 40 余年，中国人在创造财富上取得了举世瞩目的成就，中国人富裕起来了。在这个过程中，有的人搭上了致富快车，跻身富裕阶层，也有的人一次次错失机遇，没能实现财富增长。然而，经济周期显示，人的一生中至少有一次致富的机会。要想把握住致富机会，我们应该具有怎样的财富观念？如何才能抓住时代机遇，立足当下，活在未来？

"

1　现在就是最好的时代

● 外婆舍不得离开

几年前，外婆让我意识到，我们生活在一个前所未有的好时代。

外婆在 92 岁高龄时去世，她一生要强，到了 80 多岁的时候，突然特别怕死亡。诚然，很多人在年老以后都会对死亡产生恐惧，但外婆当时实在是太害怕了，这一度让我很困惑。

后来我才得知，外婆的恐惧还有另外一层含义：她舍不得离开这个时代。

现在的日子多好啊，外婆住上了以前想都不敢想的好房子，上下楼有电梯；出门就可以坐汽车，再也不用像年轻时那样去哪儿都得徒步；家里还有各种各样的电器，夏天有空调，冬天有电暖气，有拧开就有热水的水龙头等，这些都让她觉得现在的生活就是享受。

回顾外婆的一生，她独自带大了 5 个子女，大多数时间都疲于奔命，却依旧吃不饱穿不暖。晚年，日子终于变好了，儿女都有出息了，生活无忧无虑，而她却即将走到生命的尽头。在她生命的最后几年里，她变得像个天真的孩子，迫切地想要到处走走，渴望去看看之前没有听说过、见过的东西。当然她也更"爱钱"了，谁给她的钱多，她就会经常挂念谁。

舍不得离开的外婆让我逐渐意识到，时光易逝永不回，珍惜当下是多么重要。

● 父亲的"卖空仓"

外婆的故事带给我的不仅是对美好时代的向往，更多的是让我得以好好思考财富的话题。说起财富，恐怕要从我的亲身经历开始。

我的家乡在四川仁寿县，家住浅丘农村的半山坡上，那里到处是"农业学大寨"运动时期开垦出来的梯田，主要农作物是水稻、玉米、红薯。山上田多土少，山下田少土多。

改革开放前，我父母跟随生产队挣工分，虽然辛苦劳作，但由于家里人口多，劳动人口少，一家人还是吃不饱。每年七八月水稻还没有成熟前，我们家就断粮了。那时候，大人们需要做一件事，叫"卖空仓"。

"卖空仓"的意思就是每年7月，玉米成熟后，父亲到山下的邻镇去借玉米，全家人靠吃借来的玉米渡过青黄不接的两个月，等到9月，我们家的水稻成熟了，再用稻谷还回去。我们家靠"卖空仓"挨过了好些日子。

1斤稻谷换1斤玉米，有时母亲会认为吃亏了，父亲用一句"别人是看我的面子才同意换的"就把母亲的嘴堵上了。直到几年前母亲还在念叨此事。现在我知道了，父亲类似举债的行为，不仅需要付出更大的代价去交换，还要押上自己的信用，当年就有老乡想"卖空仓"都不行。这让我明白：**不管是借钱还是借物，都要用信用来抵押，一个人的信用，既是过往行为的结果，也是别人对你未来的预期，有人愿意借给你，就是相信你的未来会变好。**

40年前，我们还在为填饱肚子而奔波，而40年后的今天，我们的生活已发生翻天覆地的变化，我们迎来了经济飞速发展的时代。

如今，我们考虑的不再是解决温饱，而是要吃得健康，要过更高品质的生活。

● 穷人也可搭乘社会进步的顺风车

无疑，我们处于一个好的时代。几十年来，中国人对财富投入了巨大的热情，诸多调查表明，中国人对财富的热衷程度远远超过其他国家的人民，因为我们穷过，穷怕了。

20 世纪 70 年代，有一本书叫《增长的极限》（*Limits to Growth*），在当时非常有名，书中写道：世界上的资源非常有限，而人口不断地增加，世界的发展要到头了。

现在，我们已经来到 21 世纪 20 年代。几十年过去了，书中预言的增长极限并没有出现，事实上，在过去的 200 年间，人类的生存条件得到了前所未有的改善，人口数量急剧上升，大量先进技术被发明和使用，包括织布机、蒸汽机、铁路、电话、汽车等。而人的寿命是判断生活品质的一个非常重要的指标，多年来，我们实现了人均寿命的翻倍。如图 1 所示，1900 年全球人均预期寿命是 31 岁，1950 年全球人均预期寿命是 49 岁，根据世界卫生组织发布的《世界卫生统计 2018》，到了 2016 年全球人均预期寿命为 72 岁。1950 年中国人均预期寿命约为 40 岁，根据国家卫生健康委发布的《2019 年我国卫生健康事业发展统计公报》显示，2016 年中国人均预期寿命达到 76.5 岁。我们的生活条件变好了。

经济学家对比人类生活品质的不同方面发现，不管是有钱人还是穷人，人均寿命的基尼系数①在缩小，普遍都变长寿了；受教育的基尼系数在下降，人们受教育的时长越来越接近；消费的基尼系数也在缩小，富人和普通人在日常的食品、住房、交通、购物、旅游、娱乐上的消费差别越来越小。改革开放 40 多年

---

① 基尼系数：20 世纪初，意大利经济学家基尼根据劳伦茨曲线所定义的判断收入分配公平程度的指标。基尼系数最大为 1，最小等于 0。基尼系数越接近 0，表明收入分配越趋向平等。国际惯例把基尼系数为 0.2 以下视为收入绝对平均，0.2～0.3 视为收入比较平均，0.3～0.4 视为收入相对合理，0.4～0.5 视为收入差距较大，0.5 以上时视为收入悬殊。

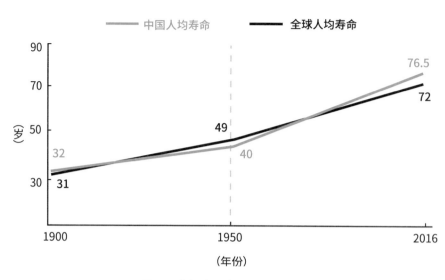

图1　多年来，人均寿命实现了翻倍

来，中国各阶层的人的生活都得到了改善，穷人也搭上了社会进步的顺风车，过上了好日子。但同时，中国确实还有很多人不富裕，还是穷人。

那么，穷人要怎么办？可以说，人对财富的渴求是创造财富最大的动力。普通人也可以立足当下，拥有正确的财富观念，享受时代的红利，实现财富的增长。

● 收入实现指数级上涨

2018 年，中国人的恩格尔系数① 降到了 28.4%。恩格尔系数是食物支出占家庭总支出的比例，人们用于食物支出的比例越低，就意味着生活水平越高。今天的中国人只有不到 29% 的花销用在了食物上。按照通行的国际标准，当一个国家的平均家庭恩格尔系数大于 60% 为贫穷；50% ～ 60% 为实现了温饱；

---

① 19 世纪，德国统计学家恩格尔根据统计资料，对消费结构的变化得出一个规律：一个家庭收入越少，家庭收入中或总支出中用来购买食物的支出所占比例就越大。这个规律同样适用于国家。

40% ～ 50% 为达到了小康；30% ～ 40% 为实现了相对富足；20% ～ 30% 为富足；而低于 20% 为极其富裕。

这意味着我们已经进入了一个前所未有的富足时代。

根据英国著名经济史学家安格斯·麦迪逊的估算，从公元元年到 1880 年左右，世界人均 GDP 花了 1880 年时间才增加了 1 倍。然而，从 1880 年到 2000 年，短短 120 年里，全球人均 GDP 就增加了近 5 倍[1]。这中间的转折点，正是 18 世纪的工业革命。

事实上，不仅是经济发展，知识、技术、经验的积累产生的价值也符合复利曲线，当它积累到一定程度，到达某个临界点时，就能够实现质的飞跃。显然，我们已经度过了复利曲线[2]平缓增长的时期，进入曲线陡峭上升的时代。这条陡峭的曲线，意味着经济生活的快速改变，改变就充满机会。而机会是给有准备的人的，有准备的人看到的处处是机遇。

看看我们这个时代，这是当下最好的时代。

第一，中国经济发展强劲。改革开放以来，中国 GDP 快速增长，最近几年 GDP 增速下降到 7% 以下。于是有些人开始担心中国经济，但他们没有看到，即便是 6% 的增长率，在全世界也是一个非常亮眼的数字。2018 年美国经济增长率难得地达到了 2.9%，而中国是其 2 倍多。

第二，中国是一个极具潜力的市场。中国有 14 多亿人口，有着全球最大的

---

① 陈志武：《陈志武说中国经济：一个经济学家的理想王国（修订版）》，浙江人民出版社，2012。

② 复利是指一笔资金除本金产生利息外，在下一个计息周期内，以前各计息周期内产生的利息也计算利息的计息方法。复利，在投资中是非常重要的一个概念，实际上它就是增量可以带来增量，而带来的增量可以继续带来增量，俗称的利滚利，就是利息还可以继续带来利息，同时也是人生中很重要的算法。而复利曲线直观地表明了时间和复利终值（成长达到的水平）的关系。复利曲线初始增长缓慢，但是一旦达到一个拐点，增长速度就如同火箭上升一般，势不可当。

市场。未来中国经济转型，经济结构持续优化，产业加速迈向中高端，出口也不再是简单粗放的模式。以出口为例，过去，我们很多的出口都是简单的原料加工，处于产业链低端且附加值低，以牺牲环境来换取发展。未来，中国产业升级，要提振内需，外拓出口，产品品质会继续提升，人们的生活水平还会持续提高。人们对消费的需求也在发生转变，显现为从传统消费转向新兴消费，从生活必需品转向享受型消费，从商品消费转向服务消费……内需是中国经济发展的基本动力，人们日益增长的对美好生活的需求将得到一定的满足。未来，中国消费者差异化、个性化、多元化的消费需求会释放出强劲的动能和巨大的潜力。

第三，对比美国 82% 的城镇化率，中国的城镇化还有很大的发展空间。如图2 所示，2019 年，中国的城镇化率为 60.6%，处在城镇化率为 30%～70% 的快速发展区间，距离发达国家 80% 的平均水平还有很大差距。以前，中国农民进城务工提供的廉价劳动力是中国经济的"低成本优势"，今后的城镇化会使得越来越多的人成为"城里人"，人口继续向大都市圈聚集。土地、户籍制度的改革，将带来人口更大规模的迁徙，这些都会给中国经济带来巨大的发展空间，也会再次提升人们的收入水平。

第四，学界认为，人们受教育程度的高低，也会影响其收入水平的变化。我们家就是教育的受益者，改革开放让我们全家吃饱饭，但真正让我们家富起来的还是来自我接受的教育，母亲对此一直引以为豪。1989 年我高考落榜后在家务农一年，学业荒废，在母亲的劝导之下参加一位中学退休老师办的补习班，经过不懈努力，最终顺利考上了重点大学。1998 年，母亲又鼓励我读研究生，后来还鼓励我读博士，她说，如果读博士，她会帮我出学费。在母亲的思想中，"万般皆下品，唯有读书高"，在我母亲看来，对我的教育投资是她一生中最成功、收益最高的投资。

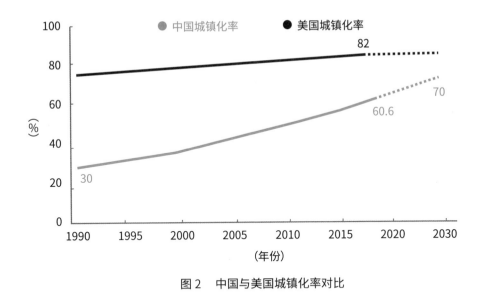

图 2　中国与美国城镇化率对比

21 世纪，教育更为人们所重视，知识的价值为人们所认可。我是知识付费平台的忠实用户，对知识价值的变化感触颇深，当下的知识分子已经能通过知识的力量实现财富自由了。经济学家薛兆丰就是典型的例子，他每年通过音频课程，收入颇丰。对于大众而言，尊重知识很大程度上就体现在愿意为知识付费上面。有知识、不断学习以提升自己的年轻人能获得更高的收入。

总而言之，国家产业转型的机会、消费升级带来的机会、城市发展变化的机会、个人接受更好教育的机会，都是这个时代赋予我们的。只要我们在这个最好的时代里抓住时代的机遇，我们就一定能过上更好的生活。

2 中国人是怎么富起来的

● 改革开放让全家吃饱饭

我的人生伴随着中国改革开放的宏伟进程，我享受到了改革开放带来的红利，真切地感受到了经济的蓬勃发展。改革开放令我印象最深刻的就是人们从贫穷走向了富裕。

20 世纪六七十年代，贫困几乎是所有中国人的生活状态。我是一个典型的农家孩子，祖祖辈辈皆是农民。虽然我的父母辛苦劳作，但全家人还是食不果腹。

那个年代，人们对于财富毫无概念。

改革开放以后，家庭联产承包责任制施行，土地包产到户，极大地刺激了人们的劳动积极性，自那以后，我们才真正地吃上饱饭。在这以前，我们一大家子人都挤在一间房里，直到 1983 年，我家才开始盖房，盖了五间房。改革开放把老百姓生产、创造的潜力激发出来了，人们的财富也快速积累起来。

如今看来，改革开放不仅推动了中国经济的快速发展，还激发了一部分人的财富意识，改变了人们的财富观念，也改变了中国人的财富阶层结构。在快速发展的时代洪流中，人们认识到理念的更新与知识的沉淀对于财富的重要意义，很多人的命运发生了翻天覆地的变化，社会财富的流转也发生了惊人的转变。

● **制度红利释放**

我们回过头看看，改革开放带来的中国经济快速发展和财富积累是如何发生变化的。

我们可以把中国经济改革分成两个大的阶段：第一阶段为 1978 年至 1992 年，由计划经济向市场经济转轨；第二阶段为 1992 年至 2007 年，建立起了具有中国特色的经济制度。第一阶段奠定了农村家庭联产承包责任制和城市的工业改革；第二阶段奠定了支撑中国经济真正腾飞的基本经济制度，如增值税制、地区竞争制度、货币制度等。

从 1978 年到 1992 年的这段时间，中国开始打破封闭，进行改革开放。整个社会在一种启蒙状态下摸索前进，经济逐渐开始复苏。邓小平同志提出"实行按劳分配，打破平均主义，让一部分人、一部分地区先富起来。"[①]对于老百姓而言，最大的感受就是个人财富开始出现，而这些财富很多是通过农民的劳动或者商贩的经营创造出来的。

1992 年，邓小平同志发表"南方谈话"，宣布继续深化改革开放，结束了之前改革徘徊不前的局面，坚定了改革开放的路线，让许多中国人的人生出现了拐点。

1992 年之后，人们的物质生活开始发生翻天覆地的变化，家家户户开始有了一定积蓄。当时，国家也出台一批政策，让人们能够有机会创造财富。以乡镇企业为例，1999 年，中国人民银行开始在全国农村信用社普遍推广农户小额信贷业务[②]。虽然农民去创业、办厂时，其经营能力、风险意识都不足，但政策的支

---

① 张爱茹：《邓小平"先富""共富"思想的历史考察》，《党的文献》2005 年第 6 期。
② 周金玲：《我国农村信用社小额信贷定价模式的选择》，中国海洋大学，2008。

持加上人们改变命运的迫切欲望，让乡镇企业在农村这片土地上以星火燎原之势发展起来，给农村带来了崭新的面貌，给很多老百姓带来了财富。

在城里，20 世纪 90 年代的"下岗潮"让很多国有企业的工人投身到创业大潮中。这里面有很多人选择"主动下岗"，那时叫"停薪留职"。我们以前经常说"万通六君子"，王功权、冯仑、刘军、王启富、易小迪、潘石屹，他们选择了"停薪留职"去创业，在海南开始了他们的地产生意，最终各自成就了一番事业。1995 年，我大学毕业后留校工作，直到 1999 年离开中国矿业大学。当时学校不希望我辞职，但在创业大潮的感召下，我还是毅然选择了"停薪留职"。

● 知识创造巨大财富

2000 年以后，中国逐渐融入世界经济格局中，参与到经济全球化的进程里，国际地位越来越高。尤其是 2001 年中国加入 WTO（世界贸易组织）后，国民生产总值开始逐渐超过部分西方国家。根据世界银行 2018 年的统计，1979 年，中国国民生产总值位列世界第 9 位，而到了 2019 年，位列第 2 位，仅次于美国。根据国家统计局数据显示，从 1979 年到 2018 年，中国国内生产总值按不变价计算，经济年均增长率达 9.4%。

也正是在 2001 年以后，在生活中的几乎一切领域，我们都能感受到以知识和信息为基础的社会转变。我们已经脱离了工业文明，进入了知识经济文明时代。当今社会，财富分配在一定程度上以知识为轴心，知识分子构成了中产阶层的主要部分。很多年轻人一跨出校门就成为中产，许多科技人员因为一项发明就成为富翁。对很多人而言，"知识就是金钱"不再仅仅是一句口号，而是一个致富的现实渠道。

2017 年，山东理工大学创造了一项中国高校专利转让纪录。补天新材料科技术有限公司与山东理工大学签订协议，以 5 亿元获得该校研发的无氯氟聚氨酯新型化学发泡剂 20 年专利独占许可使用权（美国、加拿大市场除外），这项专利的发明者毕玉遂团队分得 4 亿元。山东理工大学党委书记吕传毅说："这不是学校给了毕教授 4 个亿，而是毕教授帮学校挣了 1 个亿。"

2019 年 7 月，华为总裁办发布 2019 届顶尖学生的年薪方案，入选的 8 个人来自清华大学、中国科学院、香港科技大学等高校，他们的年薪最低为 89.6 万元，最高为 201 万元[①]。这就是知识的魅力。

进入 21 世纪之后，互联网迅速兴起与发展，借着互联网发展的东风，百度等大批互联网科技企业如雨后春笋般诞生，大量知识分子的创业为社会带来了巨大的财富增长。

2019 年《财富》杂志发布报告，世界最大的 500 家企业中，有 129 家来自中国。这 129 家企业的掌门人，大部分都毕业于名校，其中毕业于清华大学的有 8 人，毕业于西安交通大学的有 7 人，毕业于上海交通大学的有 5 人，还有很多毕业于中国人民大学、同济大学、浙江大学等知名高校。胡润百富榜也曾做过一个统计，中国知名企业家中，很多企业家拥有海外名校学历，其中百度创始人李彦宏毕业于纽约州立大学布法罗分校；SOHO 中国联合创始人张欣毕业于英国剑桥大学……胡润还预测，未来，中国杰出企业家的学历将会越来越高，毕业于国际知名大学的企业家也会越来越多。

我在这波创业浪潮中，有得有失。我的一段早期创业经历让我认识到，要想获得财富不能单靠运气，还必须具备相应的专业知识。2005 年，我怀揣创业发家的致富梦想，找到了一个所谓的高科技农业项目——在野外树林下种植乌天

---

① 吴荣奎：《华为招应届生年薪最高 201 万　导师：研究方向比较热门》，《新京报》2019 年 7 月 23 日。

麻。天麻种子从昭通市天麻研究院购买，当时昭通天麻种子一代刚伴随神舟六号回来。项目具有高科技、中医药、现代农业、天然野生等诸多特性，天麻的市场行情一路走高。结合天麻循环种植繁殖的特点，我们几个创业者做上了发大财的美梦。按我们的商业计划书测算，当年就可收回最初的 20 万元投资，第三年销售收入过 1000 万元，实现利润 300 万元。然而，由于没有关于农业、种植和中药的知识，不到一年时间，我们的财富梦就破灭在四川洪雅瓦屋山上，20 万元的投资最终只收获了 1 个 150 克的乌天麻。

这次创业失败的经历，让我认识到具备专业知识的重要性，缺乏产业、行业知识，是做不好专业的事情的。我意识到，没有知识就会走弯路甚至走错路。无论做哪种投资，市场对投资者的要求会越来越严苛，各行各业的行业竞争对从业者的专业要求也会越来越高，知识将发挥更加重要的作用。

● 财富再分配的时代

从 2012 年到现在，这期间有很多机遇。一方面，信息化、数字化的应用，推动了社会经济的发展，借助人工智能、区块链、大数据等技术，实现了智能化、智慧化，创新周期变短，新的机遇出现。另一方面，变化背后是更多的不确定性。如同很多人所说，看不懂新技术，被时代抛弃了，也有很多人面对国内外环境的复杂性无法适应。可以说，信息技术的进步带来了深刻的影响，也会带来新一轮更大程度的财富再分配，因此，我们要看清这个时代。

改革开放造就了中国第一批"吃螃蟹的人"，我们今天称为几代具有创业创新精神的企业家。除此之外，**在近 20 年的时间里，通过买房致富的人也是极具鲜明特色的一个群体。从某种意义来说，房地产投资形成了一个财富分水岭，甚至有房没房成了新的阶层分界线。**

20 世纪 70 年代，中国企事业单位实行住房分配制度，国家建好房后，由城镇居民所在的单位组织分房。20 世纪 80 年代中期开始的福利分房，让城市里的许多人住进了单元楼。20 世纪 90 年代，住房市场化改革开始，中国房价开始步入上涨快车道。至此，住房和房价成为人们日常生活中最关心的话题之一。

"知识改变命运，购房改变人生"曾成为人们议论的焦点，也反映了中国房地产高速发展时期的一种现象。很多投资者利用杠杆购买了多套房，随着房价的直线上升，他们也进入了富人阶层。我自己在经历了 2005 年成都房价暴涨之后，买下了人生的第一套住房。2013 年，又因为想改善居住条件，在成都楼市的风雨飘摇中买了第二套房。现在回头看，不得不感叹、庆幸，因为在房价相对较低时买了房，便可以在此后看淡房价的涨跌。

1998—2018 年，中国商品房价格翻了将近 4 倍，北京、上海、深圳等一线城市更是翻了七八倍，房价上涨最多的区域甚至涨了 20 倍、30 倍。在房价上涨的过程中，唱衰中国房地产的声音也一直没有停止过。那么，中国的房价未来到底会涨还是会跌？

其实，从发达国家的发展历程中我们可以看到一些端倪。据统计，1946 年到 2016 年，全球 14 个主要发达经济体的房价累计上涨了 90 多倍，扣除物价水平的影响之后还涨了 4 倍多。从这个层面来看，投资房地产是可以实现保值增值的。

而中国依然处于经济稳步增长时期，房价还有上涨空间。中国居民收入水平远远不及美国，上涨空间还很大。**经济增长是房价上涨的根本因素，世界经验已经证明了这一点。**中国经济还在持续增长，城镇化还未完全实现，在人口规模继续扩大、经济继续发展的城市，房价就有了继续上涨的基本面。凭借经济增长红利、城镇化红利、人口红利这三大红利，这些城市未来房价的趋势是怎样的？我们每个人都可以做出自己的判断。

很多中国人在短时间内经历了财富的暴涨，但财富观念还很薄弱，对投资没有概念，对房地产的价值也认识不清。没有在房价较低的时候进行合理的资产配置，乃至到后来，看到房价上涨得一发不可收拾的时候，才开始捶胸顿足、暗自后悔，这就是没有财富观念的后果，没有抓住时代的机遇。

当然，我们也看到很多人过于重视房产，把家庭财富全部押在房产上，这也并不是一个好的资产配置方案。房价上涨，但上涨总会有尽头，国家已提出"房子是用来住的，不是用来炒的"，有的地方的房价在上涨，有的已经平稳，有的还有所下跌。未来，不同地区的房价会发生怎样的变化？未来的财富会以什么形式进行再分配？我们该怎样进行合理的资产配置呢？

3　富人越富，穷人越穷

● 钱聪明的背后是人聪明

这些年，中国人整体上越来越有钱，但我们也常常感受到，人们的收入差距越来越大。

一方面，财富分配遵循"二八定律"，即 20% 的人掌握了 80% 的财富，财富总量越来越大，富人和穷人之间的差距自然就越来越大了。

另一方面，财富观念起到很大的作用。其实，绝大多数人的"起点"都差不多，拉大人们财富差距的就是财富观念的不同。

有一类人早年通过"下海"创业、买房等方式积累了财富，近一二十年通过专业知识赚得高收入，如今又是专业的理财者、投资者，通过合理的资产配置、投资规划为自己赚得了更多财富，他们就是高净值人群。高净值人群的财富积累速度是远远高于普通人的。

受大环境的影响，最近几年，高净值人群的财富增速较过去有所放缓，但他们的财富增速依旧远高于普通人。招商银行和贝恩公司联合发布的《2019 中国私人财富报告》显示，2016 年到 2018 年，中国高净值人群的年均复合增长率为 12%，高于整体的人均 7% 的增长率。有人开玩笑说："钱很聪明，会主动往钱多的地方聚集。"其实，认真理解这句话就会发现，它讲的是钱背后的人聪明。如果自己没有很好的办法来让"钱生钱"，就算把钱存到银行里，财富依然会贬值。

● 富人家的"财富冰山"

虽然"冰山理论"是心理学家弗洛伊德提出来的一种人格理论，但其模型也可以指导财富管理。流动性强的现金、银行存款是冰山显露在海面上的部分，只是高净值人群财富的冰山一角，而他们绝大多数的财富是海面下的冰山，并不轻易示人。

海面以上的冰山部分是现金储备或者其他变现能力很强的资产。海面以下的财富是以各种各样的形式投入到资本市场的资产。它们有的是房地产这样的固定资产；有的是国债这样的固定收益类投资；有的是用小额资金撬动的高保额保险；有的是有几十倍、几百倍回报潜力的高科技企业股权。

财富管理符合"冰山理论"模型的高净值人群，当其海面上的冰山消失时，海面以下的冰就可以浮上来，不断弥补现金流的损失，并且海面以下的财富可以"钱生钱"，只要冰山体积一直在不断变大，海面上的冰山就不会消亡，冰山就能生生不息。富人通过良好的资产配置，构建了能够让冰山发展壮大的条件，自然就越来越富了。

普通人正好相反，其大部分财富都是海面上的冰山，暴露在外，接受风吹日晒，很容易就蒸发掉了。因此，普通人的抗风险能力低，一旦遇到重病、意外等需要花大钱的情况，就被拖垮了。普通人既没有抗风险的能力，也没有其他资产抵抗通货膨胀，在社会财富整体增长的时代，其财富相对来讲就缩水了，导致越来越穷。

● 有钱人更有财富观念

现实生活中，你会发现这样的事情：如果你想要借钱，有钱的朋友通常没有现金借给你，反而是一些相对不那么富裕的人才有现金。有的人会想当然地认为这是"有钱人抠门，穷人大方"。但事实上，"穷大方"恰恰反映了有钱人比穷人更有财富观念，穷人缺乏财富意识，难以让财富快速增长，因此无法实现财富的积累。

真正的有钱人，他们手里往往没有闲钱。一旦有钱，他们就会把钱投入资本市场中，让这些钱变成"聪明的钱"，变成可以"生钱"的钱，并且通过合理的资产配置，进行有效的风险控制，让自己的财富更加可控。

不富裕的人反而有闲钱，他们挣得一些钱后，或者放在家里，或者存进银行，少则几万元，多则十几万元、几十万元。他们因为没有进行财富管理，没有资产配置的观念，反而很"大方"。

● 是什么导致了贫穷

著名导演迈克尔·艾普特从 1964 年开始了一项伟大的追踪研究。艾普特采访了来自英国不同阶层的 14 个 7 岁的孩子，此后每隔七年，他都会重新采访这些孩子，并记录他们的状况。这些采访记录汇集成了一系列跨越半个世纪的纪录片：《人生七年》。

《人生七年》系列纪录片忠实地记录了这些孩子从儿童到少年、青年，再到中年、老年的历程，反映了这 14 个孩子在 7 岁、14 岁、21 岁、28 岁、35 岁、42 岁、49 岁、56 岁、63 岁时的状态。这些孩子，有的来自伦敦的富裕阶层，有的来自中产阶层，有的来自贫民窟的穷苦阶层。

刚开始的时候，虽然这些孩子来自不同的阶层，言谈举止大相径庭，但孩子都同样无忧无虑。有的孩子想将来上牛津大学或剑桥大学，有的想周游世界，还有的想当宇航员。未来对他们而言，似乎一切皆有可能。

然而，现实是残酷的。一个又一个七年过去了，这些孩子到了中年，富裕阶层的孩子从名校毕业，年薪超过百万英镑，家庭幸福美满；中产阶层的孩子成为教师、公务员，维持着中产阶层的生活；而穷苦阶层的孩子没有上大学，他们成了搬运工、砌砖工，过着贫穷的生活。

一个来自哥伦比亚大学的研究小组，对美国 1000 多名儿童和青少年的大脑进行了分析。**研究发现，家庭年收入低于 2.5 万美元的孩子，比家庭年收入在 15 万美元以上的孩子，大脑表面积小 6%。在涉及智商、语言、自控力等方面的测试当中，这些来自穷苦家庭的孩子，其整体表现都低于同龄人的平均值。**

2019 年的诺贝尔经济学奖颁发给了《贫穷的本质》的作者阿比吉特·班纳吉和埃斯特·迪弗洛，他们在书中探寻了穷人容易陷入"贫困的陷阱"的原因，"越来越穷"归根结底往往不是因为单纯的经济因素，而是外部或者观念因素导致的：穷人通常缺乏正确的信息来源，难以做出正确的决定，例如，不知道接种疫苗可以节省更多的医疗费用，没有医疗保险而承受更多的损失；由于得不到金融服务，而不得不借高利贷，最终被利息压得无法翻身……

他们的研究还证明，我们在生活中时时刻刻都在犯类似的错误：例如，避险意识不强，一辈子省吃俭用却舍不得做体检、买保险，最后得了大病，不得不支付高昂的治疗费用；或者只顾眼前，不做长远计划，认为目标太远，储蓄的吸引力太小，拒绝延迟满足；或者由于认知水平的局限，对不懂的东西心存偏见，拒绝学习或接受新的观念和机会，难以逃脱"贫困的陷阱"。

更糟糕的是，贫穷还会损害心理健康。大量心理学研究表明，贫穷是压力产生的主要源头，经济压力会导致焦虑心理、自卑心理、闭锁心理、抑郁心理，甚至负疚心理。来自贫穷家庭的孩子被大学录取、获得学位的难度更大，成年后得到的工作往往薪水更低，也更容易失业。

财富的含义是综合性的，富人的财富不仅体现在金钱上，还包含背后的知识积累、人脉积累和文化传承，这些导致富人和穷人的下一代起点不同。富人的下一代可以站在上一代人的肩膀上发展，而穷人缺乏财富积累，每一代人都需要从头再来。

富人家的孩子起点很高，更容易获得成功，穷人要想改变自己的人生很艰难。《人生七年》用跨越一个人一生某一个阶段的影像记录了一个现实，那就是阶层固化，"穷人越穷，富人越富"。

● 财富只靠过去的积累是有限的

阶层固化越来越成为一个引人关注的话题，但我们还是能看到很多实现阶层跨越的案例。因此，即便阶层固化是客观存在的事实，但作为个体，我们还是可以通过自身努力实现人生的跨越。

仔细分析，那些实现了阶层跨越的人到底做对了什么？一个穷人要怎样才能让一块浮冰变成一座冰山？至少，仅靠财富积累是不够的。我们可以在资本市场和金融市场实现财富的跨越式增长。陈志武教授在《金融的逻辑》里讲到资本市场是收入差距、财富差距扩大的原因之一："在缺乏资本市场的社会里，说张三很有钱，意思是张三赚了很多钱，并且攒下来没有花掉。有钱更多是指'过去的收入'。但人毕竟只活几十年，个人财富只靠过去的积累，再多也是有限的。"[1]

而资本市场可以为未来定价，**世界级富豪大多是企业家**，他们通过企业未来收入预期的贴现值获得了巨大的财富。不是依靠存钱，而是善于运用资本市场，这是高净值人群财富积累速度远远超过普通人的根本原因。

中国的资本市场和金融市场还不够发达，中国人变得富有的时间也还太短。因此，绝大多数普通人根本不了解资本市场、金融市场，甚至对它们比较担忧和害怕。

但如果你想要实现财务自由，就必须学习它、了解它，学会更好地利用资金、利用时间、利用杠杆，将未来的收入变现，踩准时代发展的节拍，通过合理的资产配置，给自己的人生和财富提供安全保障，让自己的财富越来越多，使其成为美好人生的基石。

---

[1] 陈志武：《金融的逻辑2——通往自由之路》，西北大学出版社，2015。

4 何处安放你的钱

● 你的钱还好吗

改革开放 40 多年来，中国经济高速增长，财富积累快速，中国人已经摆脱了贫困，开始走向富裕。瑞士信贷研究所发布的《2019 年全球财富报告》显示，截至 2019 年年中的 12 个月，全球总财富增加了 9.1 万亿美元，达到了 360.6 万亿美元，增长率为 2.6%。中国的财富始于较低的基础，但现在已经取代日本成为第二大拥有百万富翁的国家。其中，中国家庭财富总值为 63.8 万亿美元，占比 17.7%。从人均收入和人均 GDP 来看，中国已经跨入中等发达国家的水平，中国人的确有钱了。

以前，中国老百姓普遍贫穷，没有钱，现在有钱了，反而更迷茫了，不知道拿钱做什么，钱似乎也不值钱了，这是中国老百姓普遍面临的实际问题。

有一个真实的故事，一个农民辛苦劳动赚了 3 万元，他深知"财不露白"的道理，但实在不知道把钱放在哪儿，就把钱埋在自家的菜地里，几年过去了，再把钱挖出来，钱已经发霉了。

这是一个极端的故事，但实际上反映了中国大部分老百姓确实不清楚该如何发挥钱的作用这一现实。很多人把钱看作一个很笼统的东西，不管几万元还是几十万元，都没有思考过钱究竟要怎么用、怎么进行分配，是拿来消费还是去做投资。他们没有对钱进行规划，没有使用好，也不懂投资，最终很难避免资产贬值的风险。

另一位现实中的人，他的父亲从乡里的一般工作人员，一路被提拔成乡长，直至退休前官至县委书记。他得到其父的照应，年轻时开矿、做生意。在20世纪90年代初，拥有的财富已经超过了2000万元，不仅衣食无忧，更可以说是风光无限。40岁时遭遇的一场车祸让他的观念彻底改变，他认为追求财富不如及时享乐，所以没有对财富进行规划和管理，以致家道中落。

这些故事都让我们不由地感叹造化弄人，也让我体会到财富管理和通过资产配置未雨绸缪的重要性。

● 实际通货膨胀率超出你的想象

影响人们财富规划的还有一个原因，就是很多人很难对自己未来的收入有一个明确的预期。任何一个社会或政策的变化都会影响人们的未来收入，因此，不能用一种恒定的思维去看待发展。正是因为变化，人们更应该用成长性思维去规划当下的钱。

中国人爱存钱，并且中国的储蓄率一直很高。有数据显示：中国2018年住户存款余额为72.44万亿元。如果按照14多亿的总人口估算的话，中国人均存款为5.17万元[①]。所以，对于中国老百姓而言，哪怕银行活期利率低到0.35%，也愿意把钱放在银行里，任由财富缩水，这其实是因为投资意识淡薄。

有人认为，在银行存定期也是做投资，但没有考虑到通货膨胀这一因素。

---

① 李王艳：《我国人均存款十年增长三倍多》，《华商报》2019年6月26日。

据官方公布的数据，过去 40 年，M2（广义货币供应量）基本每一年都维持 15% 左右的增长，CPI（居民消费者价格指数）增长在 2.0% 左右。很多人觉得投资有 2%、3% 的收益就挺好了，但其实完全没有跟上 M2 的增长速度。如果你对通货膨胀有所了解，就知道 M2 每年增长，钱存在银行的利息增长速度远远跟不上货币贬值的速度。

● 老百姓投资缺渠道

很多人都面临这样一个困局——有钱不知道往哪里放。这是因为：一方面，中国老百姓投资渠道少；另一方面，投资的信息不对称、交易成本高。对于想要投资的人来说，信息不对称就是投资的"拦路虎"。

经济学家研究证明：人与人之间有着各种各样的相互依赖关系，由于信息不对称，因此总会存在一方"欺负"另一方的行为。

互联网时代带来了信息大爆炸，人们获得信息更容易了，然而信息良莠不齐、真假难辨。P2P（网络借贷平台）跑路频发、共享单车一地鸡毛、电信诈骗层出不穷……人们做投资的交易成本很高，需要找专业投资团队，需要做风险控制，而信息不对称增加了交易费用。

在投资品方面，银行理财产品收益不高、楼市限购、股市阴晴不定，老百姓的投资标的很少。如果投资方式太单一，资产将不具备抗风险能力。一旦出现政策变化，可能遭受巨大的损失。

20 世纪 90 年代开始，中国房地产业异军突起，房价一路"水涨船高"，很多人看到了房地产的投资属性，蜂拥而入。以前存钱的观念被冲击，很多人加杠杆买房，"存款 + 贷款 = 房子"的消费模式开始快速蔓延。随着限购、限贷等政策的实施，房地产业遇冷，人们开始寻找新的投资路径。

我曾经问我公司里的员工，除了参与公司管理投资的项目，大家还有什么投资的渠道。大家一脸茫然。就像我开始做股票的时候，以为炒股可以有很高的回报率。当时我买了一只科技股，当仓位较重的时候，它不仅不涨还一直跌，等到股价开始上涨时，为了控制风险我便陆陆续续将其卖出，等股票大涨时，已经卖得差不多了。我投入少量的资金炒股时，曾经赚了一些钱，但投入大量的资金后，反而没有赚太多钱。事后，我分析，如果炒股想要安全系数高，肯定需要控制仓位，一旦控制仓位，最终平均下来的收益率就不会太高。我们常常开玩笑地说，股票犹如赌场，你总是想进去，然后输得体无完肤，于是下定决心清盘、"剁手"，过一段时间又忍不住进去，来来回回，反反复复。经济学大家吴敬琏老先生的"股市赌场说"也没有让我们警醒，毕竟大家的投资渠道匮乏，总要为资金留条通道吧？

投资选择少，投资渠道有限，我们即便认识到了通货膨胀的可怕，也难以找到合适的办法来保护我们的财富。

● 我们要为自己的钱找出路

2005 年之后，我真正开始做投资，对当时的我而言，这只是一份工作。直到我去调查矿山，参与一些房地产项目的投资，才真正了解房地产投资的一些基本逻辑，逐渐对财富有了自己的想法，开始明白怎样才能守住来之不易的财富，也意识到唯有正确进行资产配置，才能获得财富、守住财富。

现在人们有钱了，要为手里的资金找一条出路，不能让钱"烂"在手里，就要学会做资产配置。**资产配置不光是投资理财，还要有正确的理念来规划自己的资金、资源、技能，甚至时间。**身处这个急剧变化的时代，要看清楚经济走势，看懂时代的发展、政策变化以及经济周期，结合时代的变化和自身的实际情况来选择和优化资产配置的组合，找到适合自己的生财之道。

中国价值投资实践者但斌说过："财富一定会向有智慧、有远见、愿意负责任的人手里聚集。"因此，要想在财富道路上取得成功，必须要建立正确的财富观、人生观，做出相对正确的投资决策。财富之路，道阻且长，还有很多未知的环节等着我们，每个选择都可能导向不同的人生道路。希望在这条路上，我们都能够坚持独立和持续的思考，为我们的财富找到一条合理、合法又有所收益的出路。

5 一生至少有一次致富机会

● **成都红庙子奇迹**

成都红庙子民间股票市场，位于青羊区的一条狭长小街内，总共只有三四百米长。20 世纪 90 年代，这里却有三四百个买卖股票的个体摊贩，每天能吸引 10 万人在这里交易。

经济学家肖灼基有过这样的描述：一人摆一张桌子，一边放股票，一边放现金，一手交钱，一手交票，秩序不错。整条街密密麻麻都是人，我目测有一两万人在买卖股票。这是坐商，还有行商在吆喝"买股票！买股票！"[①]

成都红庙子股票市场是新中国发起时间最早、交易规模最大的"一级半"股票市场，参与人数众多。那时候，在街南头花 500 元收一张可转债，到街北头就能赚 500 ～ 1000 元，当时，成都一个人一个月的工资也不过 500 元左右。20 世纪 90 年代，当大部分人都在当工人、农民以及一些固定岗位的职员时，有一批人的财富意识已觉醒，他们拥有了最初的财富观念，并在这种原始"欲望"的刺激下，冲破重重枷锁，成为最先富裕起来的人。

---

① 杨晓维：《产权、政府与经济市场化——成都自发股票交易市场的案例》，《中国社会科学季刊（香港）》1995 年冬季号。

● 人生致富靠康波

我们常常听见很多人抱怨："要是我 90 年代炒股就好了，要是我下海就好了，要是我 2000 年买房就好了……"他们或多或少都会流露出一种观点，致富的机会总是轮不到自己，仿佛都是别人的，别人有本钱、有门路、有背景、有运气。

但凡这样想的人，都忽略了这样一个事实：机会是给有准备的人的。对于致富而言，这个准备是什么？我认为是培养自己的财富观念。

"人生致富靠康波"表达了一个基本观点：人这一生，至少会有一次致富的机会。

康波周期理论是苏联经济学家及统计学家康德拉季耶夫提出的。他将经济生活划分为五个长周期，如图 3 所示，1782 年到 1845 年为第一周期，称为工业革命时代；第二周期为钢铁与铁路技术时代，发生在 1845 年到 1892 年；紧接着进入第三周期，处于 1892 年到 1948 年的电气与重化工时代；第四周期是石油、汽车与电子计算机时代，此时进入了 1948 年到 1991 年；第五周期是我们所熟知的信息技术时代，从 1991 年至今都处于第五周期。

为什么说人一生中会有一次致富机会？康德拉季耶夫从经济生活的五个周期演变中发现，资本主义经济中，以平均约 50 年一个长期波动为规律，而中国人的平均寿命为 77.3 岁，显然，在一个人的一生中，至少能够穿越一次长周期。因此可以说，我们每个人都会迎来至少一次致富的机会，这是伴随周期而诞生的机会，也是我们跟随时代成长的机会。

经济学上讲的周期分为短周期、中周期和长周期，康波周期理论讲的是长周期。而按照中周期和短周期理论，人的一生还不仅仅有一次致富机会，也

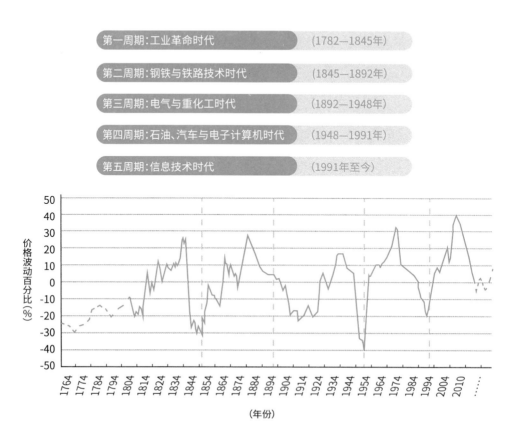

图 3　五个康狄夫长波周期（50 年）

就是说，每个人都能在有限的生命里拥有多次致富机会。

　　法国经济学家克里门特·朱格拉提出，中周期是以 10 年为一个循环的经济周期，会经历"上升""爆发"和"清算"的过程，这个过程所需时间大约为 10 年。图 4 展现了从 1980 年到 2015 年的中国经济的朱格拉周期。

　　除了长周期理论和中周期理论，英国经济学家约瑟夫·基钦还提出了从 40 个月为一个循环的短周期理论。中国国债收益率走势，就存在着类似的周期波动（见图 5）。从 2012 年到 2016 年，我们可以看到 10 年期国债收益率有 5 个局

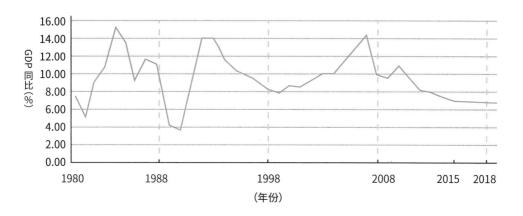

图4　中国经济的朱格拉周期

部最低点，并且时间间隔都在 40 个月左右，正好是基钦周期的长度。

　　简单地理解，经济周期就是在周期波谷的时候，机会累积，人力和资金慢慢地涌进来，市场逐渐变得沸腾，越来越多的人力和资本让市场急速膨胀并最终形成泡沫，当到达一个临界点时，泡沫破灭，经济周期完成一次从"波谷—波

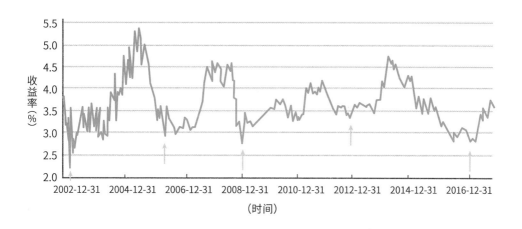

图5　中国国债到期收益率（10 年期）

峰—波谷"的循环。这些不同的周期理论，都为我们创造财富、积累财富提供了参考和依据。

人生致富靠周期，其实就是人生致富靠规律，周期就是对社会发展规律、经济运行规律的总结。只有对经济周期有了充分的认识，才能从中获得财富。

认识周期、理解周期，用新的视角来看所处的时代，我们会看到一个全新的、更加可靠的世界。即便它仍然可能是混沌的、无序的，也是生机勃勃的混沌和无序。而我们要做的就是提升自己，开拓自己的视野，从无序中发现有序，在混沌中抓住机遇。

你有没有思考过，新一轮周期将由什么来推动？是 5G（第五代移动通信技术）带来的超高带宽的信息传输，还是人工智能对生产力的颠覆，或是区块链去中心化技术对世界格局的重塑？

在新的经济周期中，你做好致富准备了吗？

● 巴菲特抓住了美国时代大势

20 世纪 80 年代之后，美国企业通过全球化赚取了巨大的利润。股神巴菲特投资的大半是美国企业中最具代表性的企业，这些企业又集中在消费行业，这又意味着什么呢？

工业革命之后，人类社会出现了令人目眩的经济增长。最近两百年来，人类社会创造的经济成就远远超过了过去两千年，而过去三四十年的成就，又远远超越了过去两百年的。技术革命推动了人类生产能力的急速提升，生产能力的提高使提高消费能力成为可能，我们已从消费匮乏的时代走入了高消费时代。在这个时代，"果腹"不再是第一追求，品质显得尤其重要。美国品牌正是在这个过程中变成了全球品牌。换句话说，为巴菲特提供源源不断收益的是来自全球的消费者。

当然，还有一个重要的理由，那就是在经济飞速发展的过程中，美国国土上没有发生大型的战争，这在全球大国里面是没有先例的，安全和稳定为投资带来了极大的好处。

巴菲特获得的极大成功，当然和他个人的智慧、能力、眼界都密切相关。但追本溯源，巴菲特最大的成就是对趋势的把握和对时代坚定不移的追随。换句话说，巴菲特的胜利是 20 世纪美国资本主义的伟大胜利。

● 下一个时代大势在中国

巴菲特投资的是 20 世纪，是美国快速发展的世纪，那下一个时代大势在哪里？我认为在中国。

在 21 世纪，互联网技术是推动经济发展最大的动力，最大可能地提高效率、降低成本，将点状的人力、物力集中起来，然后连接成网络。网络上的点越密集，产生的协同效应就越大，降低成本的速度就越快，利润也就提升得越快。随后，利润可以反哺技术，使得技术不断进行迭代升级，网络越大越密集，技术的发展就越快。

20 世纪 90 年代以来，中国大规模的城镇化和人口迁徙，为形成这种巨大的网络提供了基础。多年的人口流动形成了长三角、珠三角、京津冀等人口密度特别大的城市群格局，技术产生的协同效应在这些地方非常强，技术进步的速度也非常快。技术革命恰逢中国人口结构和社会结构的巨变，产生了巨大的化学反应。

中国城镇化进程激发了市场活力，中国国民收入分配改革尚未深化，从物质匮乏逐渐转向对美好生活向往的消费升级还在持续，反腐带来风清气正的营商环境等，这些都让我相信，中国人的收入还会提高，生活水平还会继续上升。

中国正处于最好的发展时期，世界面临百年未有之大变局，世界格局已经由西方主导逐步转变为东西方平衡。最近几十年，世界一直在变化。其中的一个显著表现是，西方国家的主导力开始下降，与此同时，以中国为代表的非西方力量开始崛起。一百多年来，中国取得了巨大的进步。改革开放以后，中国发展市场经济，逐步具备了强大的市场竞争力。此外，还建立起了社会主义法治制度。中国开始崛起了。

正在发生的第四次工业革命，可能将从根本上改变过去西方国家在生产力上遥遥领先的局面。在已经过去的三次工业革命中，中国没有完整地抓住过任何一次机会。第一次工业革命时，我们处于封建时期；第二次工业革命时，清朝开展洋务运动，试图跟上西方的脚步，但最终以失败告终；第三次工业革命的前半段中国也没有参与，所幸在计算机革命的网络化阶段抓住了机遇。在未来的"5G+物联网"阶段，中国甚至还有领先的势头。中国正在让世界科学中心[①]向东方转移。科技是历史的杠杆，是国家实力的关键所在，只要抓住第四次工业革命的机遇，我坚信，下一个时代大势就在中国。

● 对时代的坚定追随，对财富的坚定追求

拥有财富观念对于每个人来说都非常重要，这里的财富观念既包括传统意义上的投资、理财，也包括你在一生中所做的选择。实际上，你做的每一件事情都与财富相关，你所处的时代、环境所蕴含的财富也会时刻发生变化。

[①] 如果某个国家的科学成果数占同期世界总数的 25% 以上，这个国家就可以被称为"世界科学中心"。

仔细观察就会发现，巴菲特大部分的财富是 60 岁之后赚取的，但他一生都在坚持对美国时代大势的坚定追随。1990 年以后，巴菲特的致富神话搭乘上了美国经济金融飞速发展的时代机遇这辆顺风车。

站在当下，回望过去，往小了说，财富机会是每一次股市涨跌、每一轮房价波动、每一个行业兴衰；往大了说，财富机会就是时代机遇。**再贫穷的人都可以搭上时代发展的顺风车，就像现在中国最普通的老百姓过的生活，过去的人是无法想象的。**

时代也好，周期也罢，对个体财富积累的影响是巨大的。时代背后是周期。周期无处不在：地球自转、公转有周期；一年四季交替有周期；生命周而复始有周期；经济、商业、财富也离不开周期。

拥有正确的财富观念，你离致富就只差坚定，对时代、财富的坚定追求。

6 你不能回到过去，但你可以活在未来

追上未来，抓住它的本质，把未来转变为现在。

——车尔尼雪夫斯基

● 假如我能回到过去

现在的年轻人做投资或者其他选择时，最喜欢说一句话："等我以后有钱了再做。"往往一等就遥遥无期了。

我年轻时也是这样，总是把"等我以后有钱了"挂在嘴边。

那时，一方面，我对未来充满期待，觉得未来一定能获得财富；但另一方面，我对于怎么获得财富并没有具体的想法。

就这样，时间一年年过去了，最终我也没有创造出什么财富。

20 世纪 90 年代，我从中国矿业大学毕业，留校任职，虽然工资很低，但当时学校分房，我倒也不用担心房子的问题。1999 年，我考上了西南交通大学的 MBA（工商管理硕士），离开徐州，回到成都。

2003 年，我已经结婚，却还没有买房，观念一直停留在"等攒够钱，能一次性付清全款再买房"上，而后的经历与所有人一样，攒钱的速度跟不上房价上涨的速度。

直到 2006 年，我通过按揭的方式，以每平方米 4600 元的价格买了人生的第一套房子。那时，成都的房价可以在一个月内上涨 40%。

再后来，房价又经历了几轮暴涨。2019 年，成都房价均价超过了每平方米 15000 元，还有不少房子卖到了每平方米 30000 元以上。

眼看着房价一路飙升，一方面，我庆幸自己之前购买了房子；另一方面，我越来越意识到，过去那些年自己的财富意识不够强，错过了很多机会。

当时，我买房的时候不愿意负债，而且当时也有很多专家说负债最好不要超过收入的 1/3，于是我只按揭了 2000 元 / 月。

现在回头来看，如果当时我按揭 5000 元 / 月来做投资，我所拥有的财富肯定与现在不同。而且，随着收入的增长，每月负债 2000 元还是 5000 元，对我而言并没有太大区别。

那时的我，对杠杆原理、时间价值还没有足够的认识，对自己的未来收入也没有正确的预期，始终用静态的思维去评判未来的投资机会。

我们没有办法回到过去，将过去的决定重新做一遍，但是我们可以通过对过往经验的总结，获得应对现在和将来的能力。

● 研究总结过去，认知预见未来

与当年的我一样，大部分人身处改革开放的洪流中，却没有意识到时代给我们带来的机遇，甚至对经济充满悲观情绪。

但事实上，40 多年来，中国经济取得了巨大的发展成就。

1978 年至 2018 年，中国经济总量从不到 4000 亿元增长至 90 万亿元，占世界比重从 1.8% 上升至 16.1%；中国经济总量年均增速达到了 9.5%；中国粮食总产量翻了一番，工业增加值增长了 187 倍，还建成了全球最大的移动互联网；1978 年至 2018 年，中国货物进出口总额增长了 223 倍，从外汇短缺国转变为连续 13 年世界第一的外汇储备大国；全国居民人均可支配收入增长了超过 164 倍，人均消费支出增长了 107 倍；中国居民的预期寿命也由 1981 年的 67.8 岁提高到了 2017 年的 76.7 岁。[①]

回头看这几十年，我想很多人都跟我一样，如果能提前知道房价的走势、自己未来收入的增长、国家经济的蓬勃发展，年轻时做的选择一定会大胆很多，现在也能获得更大的收益。

以前，我们面对未知感到恐惧，恐惧让我们不敢轻易冒险，也许，恐惧来说是一件好事，但未来一定是未知的吗？

事实上，未来不完全是不可知的，就像我们现在已经生活在了有天气预报的时代，可以预测天气，使农业生产比在靠天吃饭的时代有了极大的不同，航空航天等受限于天气的活动也能得以开展。

我们现在还有各种各样的经济部门预测未来经济的走势，政府或者央行会根据预测对经济活动进行调整，例如，是加息还是降息，是抑制经济过热还是进行相应刺激，等等。

我们个人的财富，难道就没有"天气预报"吗？

当然有，正如我们前面提到过的，**我们可以依靠周期理论来判断经济周期，决定自己该加大投入还是"休养生息"；我们可以通过行业周期预测自己所处的行**

---

① 任泽平：《中国经济发展潜力巨大 最好的投资机会仍在中国》，http://www.xinhuanet.com/money/2019-07/05/c_1124714089.htm。

业有没有更好的发展，继而调整自己的职业规划，为自己制订更合理的人生规划。

只要我们能读懂未来，把未来转变为当下，我们就能做到"活在未来"。

我并不是在挑战"活在当下"这个说法，"活在当下"告诫我们要脚踏实地，不要成为一个空想主义者，这当然很重要。

但当我们通过天气预报知道暴风雨即将来临，并为此准备雨伞的时候，我们就是让未来进入了当下，就在一定程度上活在了未来。**既活在当下，也活在未来，是一种非常重要的能力。**

投资大师巴菲特一生恪守的"价值投资"，也是某种意义上的"活在未来"。他认为，投资股票就是要选择好的企业并与它共同成长，这就是把对企业未来的预期转变成当下的投资。

当今世界正在掀起工业 4.0 的浪潮，如果你相信中国经济未来会继续发展，相信中国未来有可能成为第一大经济体，那你有没有想过，应该做些什么来为自己获取更多的财富？

如果你认为未来不会一帆风顺，而是充满曲折，那你更需要通过"预见未来""活在未来"规避风险。

● 假如我能去到未来

最近这几年，华为成为许多国人的骄傲，也带给我极大的震撼。

自从 2019 年美国商务部将华为列入实体清单之后，这一年美国对华为的制裁仍在不断升级。美国时间 2020 年 8 月 17 日，美国国务卿蓬佩奥发布了一份名为"美国进一步限制华为获取美国技术"的声明，无疑是给正在努力曲线自救的华为公司雪上加霜。蓬佩奥的这份声明带来的新变化是又有 38 家华为子公司被列入美国商务部的实体清单。

自 2019 年 5 月华为首次被列入实体清单至今，被列入美国实体清单的华为子公司总数已达 100 多家。意味着华为手机未来将很有可能不能再使用高通公司生产的芯片和 Google 的安卓系统，面临断供风险。

2019 年 8 月，在华为海思总裁宣布麒麟芯片"转正"的深夜公开信中，有一句话让人难忘："多年前，还是云淡风轻的季节，公司做出了极限生存的假设，预计有一天，所有美国的先进芯片和技术将不可获得，而华为仍将持续为客户服务。"

如果没有对未来做出极限推演，面对当下的危机，华为将会毫无还手之力。

我们的一生或许不会遭遇如此重大的危机，但一定会遇到大大小小的风险。

全国肿瘤登记中心发布的《2014 年最新研究解析中国肿瘤流行病谱》表明，按照平均寿命 74 岁计算，人一生患恶性肿瘤的概率有 22%，如果你对这个风险有所感知，你一定会为自己和家人准备一份保险，抑或是坚定地加入网络互助的大家庭，小额均摊，以回归保险行业的初心的勇气，成就互帮互助的力量。

"活在未来"，把目光放长远一些，主动让未来走入当下，我们就会拥有更有保障也更加美好的未来。

经济学家阿尔钦曾经多次感叹，他对未来充满了好奇，如果能看一眼未来世界，哪怕是五分钟，那该多好啊。

活在未来，是一种幸福，更是一种能力。Google 工程总监雷·库兹韦尔认为，人类将在技术的帮助下，于 2029 年看到永生的可能性，并将在 2045 年实现永生。

人类永生将把"活在未来"推向全新的高度。面对未来，我们可以用钱买健康，用钱交换资源。我们对未来的很多期盼，包括父母养老、子女教育、成就自己、帮助他人……虽然金钱不是一切，但实现这些期盼可能都需要付出真金白银，需要我们付出努力才能奔向财富自由！

第二章

认识财富

"

在社会财富增长的过程中，为什么有的人抓住了致富的机会，拥有了巨大的财富，而有的人被远远抛在了后面？想要弄清楚这个问题，我们需要认识财富到底是什么，财富从何而来，哪些因素会影响我们的财富，甚至让我们的财富在不知不觉中缩水，只有认清财富，才能把握财富，获得真正的财富自由。那么，究竟什么是的财富呢？

"

1 中国人还会更有钱吗

● **改革开放四十余年，老百姓有钱了**

改革开放四十余年，中国实现了前所未有的财富增长，哪怕是最普通的人也过上了以前没有的生活。财富的积累和每个人的辛勤工作、艰苦奋斗分不开，也和国家的政策密不可分。

中国改革开放以来创造的成绩堪称奇迹。用经济学家张五常的话来说就是，20 世纪 90 年代以来，中国经济最突出的表现有两点：一是 20 世纪 90 年代，从高通胀急转为通缩，长江三角洲地区用了 8 年时间就超越了起步早 10 年的珠江三角洲地区；二是 2000 年以后，通缩终结后的 7 年间，中国农民的收入增长率每年高达 20%。[①]

如图 6 所示，中国经济制度显现出了巨大的优势，带来了经济和社会发展的奇迹。2010 年，中国当年年度 GDP 总量为 39.80 万亿元，年度经济总量首次超过日本，成为世界第二大经济体。2020 年 1 月，国家统计局公布了 2019 年中国经济运行情况，2019 年中国 GDP 总量达到 99.0865 万亿元，约合 14 万亿美元，按平均汇率折算，意味着 2019 年中国人均 GDP 达到约 10276 美元。而以购买力

---

① 　张五常：《中国的经济制度》，中信出版社，2017。

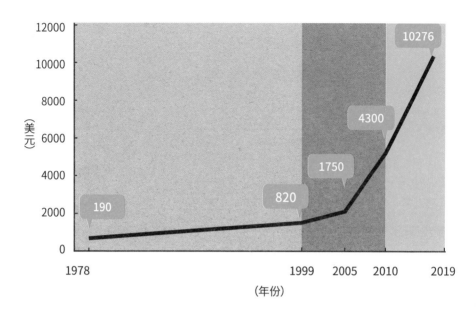

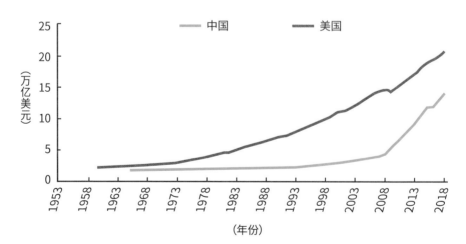

图 6　改革开放以来中国人均 GDP（上）与中美年度 GDP 总量对比（下）

平价 GNP 计算，2018 年，中国为 21.65 万亿美元，美国为 20.84 万亿美元，中国首次真正超过美国。

依据国际标准，人均 GDP 须达到 1.2 万美元，甚至 1.5 万美元以上才能称为高收入国家。不过对于艰苦奋斗多年的中国人来说，人均 GDP 超过 1 万美元堪称一个里程碑，这意味着中国已经步入了中高等收入国家行列。从身边显而易见的现象可以看出，人们的生活水平提高了，老百姓手里有钱了。

那么，有钱之后呢？未来我们的财富会进一步增长吗？

显然，当收入增长到一定程度后，哪怕再增长一个百分点，和收入水平低的时候比，难度也是远远不一样的。这也是为什么发达国家经济增速远远比不过发展中国家或新兴经济体的原因。

因此，最近几年，随着中国经济增长速度的放缓，关于中国能否跨越"中等收入陷阱"的忧虑也引发了很多争议。当一个国家达到一定收入水准之后，旧的增长动能消失又欠缺新的增长动能，导致经济增长停滞的状态，就是中等收入陷阱。墨西哥、阿根廷、巴西、土耳其、南非等许多国家都已经进入中等收入陷阱数十年而无法自拔。中国会步它们的后尘吗？忧虑背后，是很多人关心的问题：我们的收入还会继续增长吗？如果可以，我们的收入还能不能保持一个相对高速的增长？

回答这个问题之前，我们首先要认识到中国确实正在经历增长动能新旧转换的过程。旧的增长动能是什么呢？是我们曾经相对较低的发展水平，在这个基础上，人口红利带来了大量廉价劳动力，形成了制造业的低成本优势，让我们生产的产品价格低廉，受到了全世界的欢迎，大量出口赚取外汇；还有我们在几十年里的大量高效的基础设施建设。这些"旧动能"让我们的收入实现了大幅的增长。如今，"旧动能"逐渐进入瓶颈期，不能再像前几十年那样对推动经济增长发挥巨大的作用了,自然会引发一些人的担忧。

但在我看来,中国与那些陷入"中等收入陷阱"的国家不同,并不缺乏新的动能,也有实力跨越"中等收入陷阱"。

著名经济学家、1998 年诺贝尔经济学奖得主阿马蒂亚·森曾说:"应该找到经济增长放缓背后的原因,不能用'中等收入陷阱'一个概念来解释所有问题。"因此,我们不能一看到中国进入中等收入国家行列,同时经济增长又有所放缓就紧张焦虑,而要对未来抱有坚定的信心,这也是跨越"中等收入陷阱"的重要基础。

这个信心来源于中国的收入分配改革[①]还有很大的进步空间。简单直白地说,就是中国人以后会比现在更有钱。

● "价格闯关"[②] 实现物价市场化

改革开放给我们的经济、生活带来了翻天覆地的变化,改革开放靠的是什么?经济领域的改革开放有另外一个说法,就是市场化改革。所谓的市场化,就是让我们经济生活中的方方面面都由市场来决定,由市场中动态的供给和需求来决定要素的价格。

我们日常的经济活动分为消费和收入两大部分,市场化改革让我们的消费市场化了,但我们的收入还没有市场化,收入分配改革还没有成功。在理解收入分

---

① 收入分配改革从 2004 年开始启动调研,于《2010 年国务院政府工作报告》中首次提出,旨在提高低收入者收入水平,逐步提高中等收入者比重,有效调节过高收入,规范个人收入分配秩序,缓解地区之间和部分社会成员收入分配差距扩大的趋势。

② "价格闯关"是指中国政府推行的物价改革。改革的方向是:少数重点商品和劳务价格由国家管理,绝大多数商品价格放开,由市场调节。政府试图通过改革,解决价格双轨制下的一系列复杂的经济问题。

配改革之前，我们先看看物价改革是怎么进行的。

中国的物价改革经历了漫长的过程，从国家完全控制物价到"价格双轨制"[①]：1988年第一次"价格闯关"，引发了居民抢购生活用品以及银行挤兑，第一次"价格闯关"以失败告终；直到1992年，在邓小平的推动下，中国进行了第二次"价格闯关"，到了1993年春，中国实现了社会零售商品的95%、农副产品收购总额的90%、生产资料销售总额的85%全部放开，由市场供求决定价格。[②]

1992年的"价格闯关"给当时的人们带来了转型的阵痛。1993年，中国的通货膨胀率为14.6%，1994年更是达到了24.2%。那时我还在读大学，至今依然清晰地记得，当时物价每天都在涨，我们这些还在学校读书的学生成天想着要出去买东西，哪怕抢一块肥皂回来都要兴奋半天，每个人都希望靠抢到一点实物资产来减少货币贬值的损失。

改革总是会带来阵痛，"价格闯关"成功之后，生产要素得以资本化，中国市场经济的基础才得到建立。之后，中国经济才算是驶上了增长的快车道。

● 收入分配是个大问题

在我们的经济活动中存在着各种各样的"剪刀差"。**中国财富原始积累的秘密在于三个"剪刀差"：第一个是农产品和工业品价格的"剪刀差"，即城乡之间的"剪刀差"；第二个是农业用地同房地产用地价格之间的"剪刀差"；第三个是**

[①] "价格双轨制"，即一部分商品价格由国家计划控制、另一部分商品价格由市场决定的经济制度。

[②] 周其仁：《改革的逻辑》，中信出版社，2017。

一级市场的原始股和二级市场的流通股之间的"剪刀差"。[1]

在生产要素市场化的过程中，中国的收入分配改革并没有成功。从某个角度来说，这也正是中国财富快速实现原始积累的原因。

中国人的收入与国家的收入之间存在"剪刀差"。国家统计局 2019 年发布的数据表明，2018 年，中国居民人均可支配收入为 28228 元，按照当时 1∶6.8 的汇率计算，相当于 4151 美元，约占人均 GDP 9707 美元[2]的 43%。而 2018 年，美国的人均可支配收入是 47818 美元，美国人均 GDP 是 62850 美元，可支配收入约占 GDP 的 76%。这意味着，相比美国，中国人创造的财富大部分没有实现自由可支配。

尽管美国人创造的财富 76% 都留在了自己手里，而不是交给政府，但美国国民之间、不同阶层之间的收入差距扩大了。今天美国的贸易保护主义、民粹思想抬头，都源自收入分配的问题。经济的全球化、中国的快速崛起，使得美国的制造业向中国等制造低成本国家转移。虽然美国的金融、科技领域发展得非常好，但传统制造业快速衰落，广阔的中部沦为"铁锈州"，蓝领工人失去了工作。

畅销书《原则》的作者、全球知名的对冲基金经理瑞·达利欧来中国演讲的时候讲道："现在的全球，尤其是美国的财富差距，跟大萧条前非常相似。大萧条前后发生了什么大家都很清楚，民粹主义、贸易保护主义、纳粹主义、凯恩斯主义等各种思潮盛行，社会阶层撕裂，人类社会由金融危机蔓延到经济危机、社会危机、政治危机甚至军事危机。"[3]

---

[1] 邵宇：《预见未来——新时代投资机遇》，机械工业出版社，2019。

[2] 根据国家统计局网站数据，2018 年我国人均 GDP 为 66006 元，约为 9707 美元。

[3] 任泽平：《未来二十年最好的投资机会仍在中国——第二届全国青年企业家峰会演讲》，https://news.hexun.com/2019-08-10/198162835.html。

在全球范围内，北欧、加拿大等地是收入分配比较均衡的地方，这也是这些区域移民数量持续增多的根本原因——这些地方太公平了。所以，全世界都有这样一个趋势，想赚钱你就往"不均衡"的地方跑，想过好日子就往"均衡"的地方跑。

中国的市场化改革进行到今天，收入分配的"剪刀差"已经成为中国经济的大问题。从人均可支配收入占 GDP 比例来讲，如图 7 所示，以美国居民人均可支配收入占 GDP 的 76% 作为参考，中国的人均可支配收入还有超过 30% 的上涨空间。因此，从我们人均可支配收入占 GDP 的比重来看，中国人未来的收入都还会有大幅的提高。

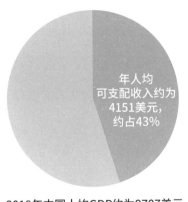
2018年中国人均GDP约为9707美元

2018年美国人均GDP为62850美元

图 7　2018 年中美人均可支配收入及其占 GDP 比例对比

我们的收入怎样才能继续增长呢？我认为，这个问题的关键之一就是我们国家能不能成功地实现收入分配改革。

良性的收入分配大致遵循以下四点：第一是按效率分配，即多劳多得、少劳少得、不劳不得。第二是按公平分配，通常由国家通过税收或转移支付的方式使社会变得更公平。第三是依靠慈善，这种分配是一种更加自发、彻底的财富转移方式。慈善是一群具备赚钱能力和社会责任心的精英用自己的财富帮助更多人过更好的生活，减少社会生活中实际存在的人与人之间的不平等、不公平现象的行为。第四是提高财产构成的透明度。

这两年，深化收入分配改革越来越多地出现在政府的报告中，只要收入分配改革能像当年的"价格闯关"一样取得成功，中国经济就还会有飞跃，我们的收入就会跟上国家经济发展的脚步，实现财富增长质的飞跃。

在这个过程中，我们普通人需要做什么呢？答案是需要树立正确的财富观念，学习财富知识，为未来更好地获得财富、管理财富打好基础。有了这些知识，我们甚至可以快人一步，主动实现财富的增长，成为率先实现高收入的那部分人。

2 通货膨胀让财富缩水

● 从"巨款"到"零钱"

国家整体的财富增长，国民整体的财富增长，并不意味着每个人都能均等受益。如果不对个人的财富进行有效管理，即使绝对财富增加了，相对财富也有可能缩水。

2017年9月20日，《海峡导报》发表了一篇报道。

> 厦门一女子在1973年存入银行1200元，2017年取出了2684.04元，历经44年，得到1484.04元利息。《海峡导报》帮她算了一笔账：20世纪70年代中国实行计划经济，普通职工每月工资为20多元。当年，好一点的大米约1角3分1斤，猪肉7角1斤。家里若有2口人，一天只需要1元左右的伙食费。也就是说，这1200元，在当年相当于5年的工资，堪称一笔"巨款"。而如果按照厦门2016年平均月薪5715元来算，5年工资达到了34.3万元。

这位女士当年把1200元存进银行，是为养老做储备，但她大错特错了，因为如今取出来的2684.04元，大概只够她一个月的生活费。40多年来，中国发生过严重的通货膨胀，货币贬值了200%多。

几十年来，我对于货币价值的变化深有体会。在我六七岁的时候，母亲带我去赶集，从集市的一头走到另一头，逛完整个集市，母亲什么东西都没买。那时，集市上有人卖苏打饼干，我很想吃，母亲却没有给我买。如今，每每回忆起此事，母亲都眼眶湿润。

当年母亲舍不得买给我吃的苏打饼干，只卖 2 毛一斤。而现在，我买给女儿的饼干，20 元一包，只有 200 克。一方面，这件小事让我感受到中国人真的有钱了；另一方面，也是人们常说的，钱不如以前值钱了。如果用饼干来度量，可以说，几十年来我们的物价翻了不止 200 倍，也就是我们的通货膨胀超过了 200倍。货币的本质是交易的介质，有多少商品就应该有多少与之相对应的货币。通货膨胀，是过量的货币追逐一定数量的商品导致商品价格的升高。

因此，虽然从绝对程度来说，中国人的收入增加了，但客观感受上，依然有人感觉自己不富裕，甚至"越来越穷"了。通货膨胀让货币贬值是原因之一，另外一个原因就是相对感受的变化，如果自己的收入增长比不上身边的人，比不上社会平均水平，我们也会感觉自己"变穷"了。这是我们生活在社会、集体当中无法逃避的现实。

通货膨胀是所有人都在共同面对的现象，但是，为什么有的人受其影响小，有的人受其影响大呢？这是因为在社会发展进程中，每个人的财富积累程度不同。勤劳的人并不一定富有，社会上绝大多数人之所以感觉钱不值钱了，就是因为不能正确地认识财富，没有合理的投资规划，更没有资产配置的观念，自然也就不具备抵抗通货膨胀的能力了。

● **为什么会发生通货膨胀**

如果通货膨胀发生得比较平缓，你可能会像厦门的那位女士一样，要通过几十年才能感受到它的威力。但要是在短期内发生剧烈的通货膨胀，将给老百姓的生活带来灾难性的打击。

货币怎么会过量呢？简单地说，就是政府发行了过多的货币。曾经，世界上大多数国家发行货币都与黄金挂钩，叫"金本位"制度。这意味着有多少黄金储备才能发行多少货币，在这样的货币制度下，几乎没有发生过通货膨胀。随着第一次世界大战的爆发，国际贸易受到了很大的影响，参战各国的货币兑换黄金出现困难，"金本位"制度崩溃了。

第一次世界大战结束 10 年后，世界经济遭遇了 1929 年的经济大萧条；到了 1939 年，又爆发了第二次世界大战，让世界上的主要国家意识到加强合作的重要性。于是，从 1944 年 7 月开始，世界上大部分国家都逐步加入了以美元作为国际货币中心的货币体系——布雷顿森林体系，形成了各国货币与美元挂钩，美元与黄金挂钩的货币制度。

20 世纪 50 至 60 年代，欧洲各国经济逐渐复苏，纷纷开始利用布雷顿森林体系换取黄金保值，美国的黄金储备开始流失。20 世纪 60 至 70 年代，爆发了多次美元危机。1971 年，美元进一步贬值，布雷顿森林体系崩溃，全球主要货币进入了汇率全面自由浮动的时代。

这一方面，为实施弹性货币政策提供了条件，让各国政府能运用货币手段调节经济；另一方面，通货膨胀发生的概率越来越高了。现在的主流观点认为，不超过 3% 的温和通胀有利于经济发展，而恶性通胀会导致民不聊生。人类历史上恶性通胀时有发生，给人民的生活造成了巨大的灾难。例如，20 世纪 20 年代初，德国物价曾每 49 小时增长 1 倍；20 世纪 40 年代初，希腊物价曾每 28 小时增长 1 倍；匈牙利物价曾经历过每 15 小时增长 1 倍；1993 年至 1994 年，南斯拉夫的物价曾每 16 小时增长 1 倍。

最近几年，委内瑞拉就正在发生严重的恶性通货膨胀。2017 年，有研究机构发布的数据显示，委内瑞拉当年累积通货膨胀率超过 2735%；2019 年，委内瑞拉的通货膨胀率为 7374.4%。长期的恶性通货膨胀，让委内瑞拉人的生活陷入困境。委内瑞拉一项民调显示，30.5% 的受访者说他们经常一天只吃一餐，28.5% 的受访者说自己每周至少一天"没有或几乎没有"吃东西。

根据国家统计局公布的 1985 年、1988 年、1994 年国民经济和社会发展的统计公报显示，中国在 20 世纪 90 年代中期曾经出现过几轮高通胀，1985 年、1988 年、1994 年 CPI（消费者物价指数）同比分别达到 9.3%、18.8% 和 24.1%，而后回落到正常区间。21 世纪以来，又经历过三轮通胀（见图 8），分别发生在 2004 年、2007—2008 年、2011 年，CPI 同比都达到了 5% 以上。

民国时期通货膨胀更是离谱。1948 年，有人在饭铺吃饭，一碗米饭是 2 万元，等到这个人去添第二碗饭时，米饭的价格就涨到 2.5 万元一碗了。据《大公报》统计，和战前比较，8 月上半月的食物价格上涨了 390 万倍，住房价格上涨了 77 万倍，服装价格上涨了 650 万倍。当时印钞材料极度缺乏，为了渡过难关，一些印钞厂甚至直接用廉价的法币作为纸张原材料来印钞，因为纸币的面值都抵不上纸张的价格。历史上的高通胀给中国经济带来了巨大的影响，不过，当时我国处于总需求扩张甚至过热阶段，近年来就没有出现全面通胀，未来宏观经济总体增速放缓，货币增速也将趋于平稳。

● 货币像水更像蜜

现实生活中，通货膨胀的发生远远多于通货紧缩。厦门女子的故事让我们看到了超发的货币是怎样剥夺人们的财富的。那么，你可能会问，如果只是超发货币，水涨船高，超发的货币抬高商品价格，最终也流入人们的手中，可是为什么会让有些人变穷呢？

这是因为，当超量的货币进入我们的生活后，对每一个人的影响并不同，也

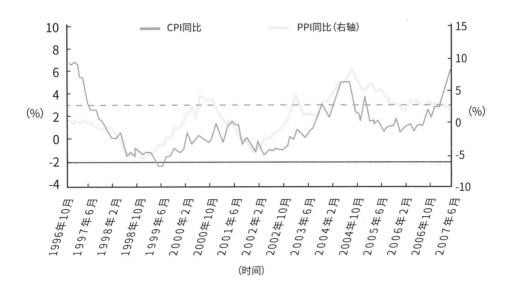

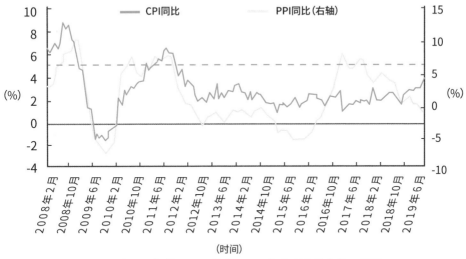

图 8 中国历年的 CPI 同比和 PPI（生产者物价指数）同比

资料来源：Wind、海通证券研究所。

并不是政府每超发一些货币，所有商品和服务的价格就能立刻做出调整，来"抹平"超发货币的影响。我们知道，现实生活中，超发的货币会通过一些出口流向社会。这个过程通常需要一段时间，每个出口"截留"的货币量也不一样，因此超发货币对经济生活的影响不是均匀的，离这些出口近的人往往可以获得好处，离出口远的人通常就被剥削了。

货币要经过一段时间才逐渐在整个社会里面摊匀的现象，被称为"坎蒂隆效应"。经济学家哈耶克曾经这样描述过：这种效应更像把一种黏性液体，如蜂蜜，倒入容器当中时发生的现象。著名经济学家周其仁教授曾经也讲过："有观点认为，货币像水，增加的货币供应最终会抬高所有商品的价格。但实际上不是这样的，过量的货币进入市场的时候，它们不是像水一样流到经济中去，而是像蜂蜜似的慢慢流，会在某一领域流得时间长一点，然后流向其他领域。在真实世界里，如果这团蜂蜜流向了房地产，房地产价格就涨起来了，流向钢铁，钢铁价格就涨起来了。这个力量会在冥冥之中完成收入的重新分配。"[①]

早期买房致富也是这个道理。**房地产市场是中国超发货币最大的蓄水池，早期买房的人，就是更早接触到"蜂蜜"的人，就是在"蜂蜜隆起"的部分截留了更多财富的人，成为财富再分配的受益者。**

● 对抗通货膨胀，要主动投资

这些年，我们经历的通货膨胀相对来说更温和，温和通胀可以增加货币的供给：人们会试图花掉这些多出来的货币，形成新的消费；或者把增加的货币用于投资，这些投资又会促进新的生产和服务，最终的结果是促进了经济的增长。国

---

① 周其仁：《经济大起大落的原因》，http://www.aisixiang.com/data/27792.html。

际社会普遍认为 1.5% ～ 2% 的通胀是好通胀，而超过 5% 就会引发很多问题。

　　尽管温和通胀对经济有好处，但对个人来讲依然要警惕。**在通货膨胀发生的过程中，如果我们的钱留在手里，就会缩水。通货膨胀也是国家的一种隐蔽税收，当政府通过发行货币筹集收入时，就是在向每一个持有货币的人征税。**

　　如图 9 所示，在社会经济发展和通货膨胀的共同影响下，社会财富增长呈上行的趋势。A、B、C、D 四条线展示了个人财富增长趋势的四种不同情况。如果个人财富增长符合 A 线，就意味着个人的财富增长率始终高于社会财富的增长率；如果符合 B 线，就意味着个人财富增长率从低于社会财富增长率到超过社会财富增长率，个人财富得到了极大的增长；如果符合 C 线，意味着个人财富增长率逐渐低于社会财富增长率，被时代抛下了；如果符合 D 线，虽然个人财富也一直在增长，却始终低于社会财富的增长速度，个人财富实际上缩水了。

　　因此，一方面，通货膨胀会影响我们未来收入的预期，在通货膨胀普遍存在的

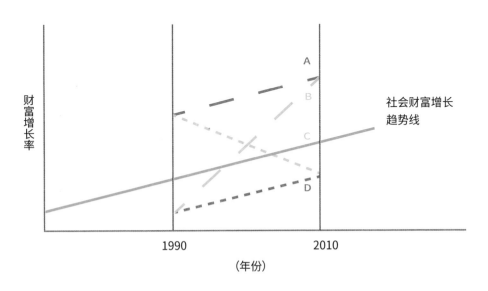

图 9　通货膨胀影响下，即便个人财富增长，实际上财富也可能缩水

情况下，我们的未来收入是会继续增加的，这是它好的一面；但另一方面，通货膨胀也会给我们带来负面影响，我们的现金、银行存款的购买力会被超发的货币稀释，购买力会下降。如果我们对此无动于衷，让钱静静地"躺"在银行里，日积月累，我们就会像把1200元存了44年那位女士一样，把巨款变成零钱，遭受巨额的损失。

投资可以对抗通货膨胀，有时候一个行业的工资突然上涨了，一个楼盘突然提价了，有人借钱买房了，这些都是对通货膨胀做出的反应。调整自己资源的定价，调整自己资产配置的组合方式，从而减少损失，甚至实现收入增加。

那么，投资收益要到多少才能对抗通货膨胀呢？经济学上用CPI来衡量通货膨胀的指数，一般认为CPI增速超过3%就是通货膨胀，超过5%就是比较严重的通货膨胀。中国2017年CPI增长率为1.59%，2018年为2.07%，2019年为2.9%。根据国家公布的CPI指标，近几年中国都维持在一个温和增长的水平。如果投资能实现2%～3%的收益，就能抵抗通胀了。

官方的CPI数据和我们的感受并不完全一致，因为CPI是个综合的指标，很多价格持续下降的商品，如汽车、各种电子产品等，人们日常购买它们的频率并不高，所以人们对降价的感受不深。而真正的日常消费，像水果、肉类、生活用品的价格上涨明显，尤其是2019年的猪肉价格上涨，让老百姓的生活成本实实在在地增加了。因此，部分专业人士认为，投资收益要达到8%～10%才能真正抵抗通胀。

我们可以通过银行活期或定期存款、余额宝等获得权益，但收益都较低，而且这些收益都是"被动"的。你有没有想过主动投资？有没有想过通过怎样的投资，才能保护财富不被通货膨胀"侵蚀"？2020年，新冠肺炎疫情在全球肆虐，各国货币放水对冲疫情对经济的影响，即将面临的全面通货膨胀需要我们高度警惕。

3 财富差距因何而产生

● 财富从何而来

很多人都没有意识到，拉大人们财富差距的根本原因是财富观念。在很多中国人的脑海中，还存在着一些根深蒂固的错误观念。他们把财富看作一个恒定值，就好像缸里的水，你多舀一瓢，我就少一瓢，一些人变得富有，另一些人就会变穷，大家对财富的观念还没有脱离"零和博弈"的思维。但实际上，财富更像自然界的河流，是可以循环再生和创造的。

当我们作为一个劳动者的时候，生产一种产品或者提供一种服务，我们得到了工资收入，公司获取了利润，消费者得到了产品或者满足，这就是劳动力创造财富的神奇之处，每一方都得到了好处，整体的价值是增加的。财富观正确的人是在自己原有的资源基础上不断创造财富，他们变得富有是源于创造，而不是抢夺。

劳动力是资源，资产也是资源。只不过，现在依然有很多人不重视资产的增值，认为只有劳动才能创造价值。这是在金融市场几乎不存在的时代里形成的朴素观点，在现代社会，这样的观念早就不合时宜了。比如，土地是一种资产，但如果被闲置就没有任何价值，当开发商购买土地，土地被用来建成楼房，销售房产后转变成收入。在这个转变的过程中，土地所有者实现了资产的增值，参与的团队因为付出劳动取得了工资收入，大家的资产都得到了增值。同理，钱留在自己手里，不创造价值甚至还要承担通货膨胀的风险。只有把钱投到有价值的项目当中，通过投资才能让钱生钱。

很多人没有意识到自己的资产是可以增值的，没有形成资产配置的观念。资产配置观念就是要区分，在我们的经济活动中，哪些是积极的消费，哪些是无意义的消费，哪些是投资，哪些是一定要避免的浪费……建立了好的资产配置观念，才能让我们的消费有意义，让投资更有价值。

我们的一切有价值的东西，无论是时间、劳动力、智慧、专业知识，还是各种资产，都要用来创造财富才有价值和意义。

● 逃避风险就是最大的冒险

说到投资，很多人第一时间想到风险，有风险意识固然很重要，但我们真的能完全躲避掉风险吗？

生活中，很多人都属于风险厌恶者。例如很多人想考公务员，认为这样过一辈子很安稳。对于这件事，我是过来人，1999 年，我回到成都，到西南交通大学读 MBA；2003 年，进入四川省委组织部下的一个事业单位——四川经营管理人才中心，当时工资收入还算不错。按照很多人的想法，有份这样的工作已经很好了。然而，2007 年，我毅然离开，进入置信集团工作，这是我自己认为做得非常正确的决定之一。

对我而言，1999 年停薪留职离开中国矿业大学，2007 年离开四川经营管理人才中心进入民营企业，2015 年我创立的置上与置信集团剥离出来单打独斗，都是迎接风险、面对更大挑战的选择，都是我人生的重要节点。如果没有做这些选择，我的人生将截然不同。现在回头来看，我庆幸当初自己做了这些选择。

有这样一个寓言故事，有人问一个农夫："你种麦子了吗？"农夫回答："没有，我害怕不下雨，麦子旱死。"那个人又问："那你种棉花了吗？"农夫回答："没有，我担心虫子把棉花吃光。"于是那个人又问："那你种了什么？"农夫说："我什么都没种，我要确保安全。"后来，农夫没有粮食，也没有可以换钱的农作物，也没有人愿意借钱给他，因为他没有可以还钱的东西。农夫就被饿死了。

这个故事虽然有点极端，但生活中的道理就是这样，**很多时候，我们以为是在规避风险，但其实酝酿了更大的风险。**改革开放以前，人们都认为进工厂当工人是最好的人生选择，后来有人下海经商，很多从工厂、学校停薪留职出来创业的人在很长一段时间是不被理解的，但恰恰就是这批人，成了中国最早富起来的人。你可以说他们把握住了时代的机遇，但你不能否认敢于挑战风险的勇气是他们成功的关键。而很多留在工厂做着安稳美梦的人，后来遭遇下岗，又没有特别的谋生技能，生活水平一落千丈，不得不为生活四处奔波，失去了往日的骄傲。

风险是躲不掉的，真正规避风险的方式就是面对它。只有一次次经历风吹雨打，你才能锻炼出越来越强的抗风险能力，才不会轻易被打倒。反之，一直躲在温室之中，一点点风雨就可以将你击倒。

我们的财富也一样，财富无时无刻不在风险之中，投资当然有风险，但如果为了安全将钱存入银行，最终也会发现通货膨胀才是最大的风险，而且非国有银行、小型银行等本身也不安全。因此，想要守护财富的安全，首先要认识风险，而不是单纯地逃避它。风险，是逃不掉的。

● **分散风险与保证收益**

投资有风险，收益往往跟风险成正比，要想做好投资，就要有控制风险和承担风险的能力。很多人认为分散投资可以分散风险人们说的"鸡蛋不要放在同一个篮子里"就是这个道理。

炒股的人都知道,"全仓"的风险是非常大的。

我投资股票时就采用了分散投资的理念。股票投资想要相对安全,就一定要控制仓位。我同时持有多只股票,风险是分散了,但最终的投资收益并不如意。这是因为在我购买的多只股票中,真正赚钱的只有一两只,投资到股市里的 100 万元,真正产生收益的只有 20 万元左右。就算这 20 万元能达到30%的年化收益率,把这 100 万元当成一个整体来看的话,我真实的投资收益率就只有 4%~5% 了,这个收益率其实是很低的。很多人炒股也是如此,只看到 20 万元赚了收益,就以为炒股很赚钱,但其实我们应该看的是投入股市的整体的钱到底产生了多大的收益。

分散投资虽然可以分散风险,但也摊薄了收益。有"股神"之称的巴菲特认为,多元化是对无知的一种保护,分散风险就意味着拖垮报酬率。

专业人士做投资,一定不是单纯地分散风险。投资是否成功,最终是要凭收益率来说话的。我们强调资产配置,是因为资产配置本身就是分散风险。但资产配置又不是单纯地、一味地分散投资,而是要根据不同的市场环境、政策环境、经济周期的不同时期来进行合理的配置,有所侧重,既保障资产安全,又保证一定的收益率。

分散风险的目的是安全,我们对安全的理解也不能局限在资金的安全上,人身安全也是很重要的一部分。因此在资产配置当中,保险也是很重要的一部分。不过,分散投资的核心最终还是要落在合理的资产配置上,要合理配置保证流动性的钱、买保险的钱等,也包括为了追求高收益而可以承担高风险的钱。

我们不能一味地害怕风险,也不能无视风险,把控风险才是最好的选择。

4 财富是一种权利，更是一种观念

● 财富是一种真实的权利

多年的投资经历让我逐渐拥有了财富观念。每当看到迷茫的人们，我就仿佛看到了当年的自己。我经常问公司年轻的求职者：你工作的内在动力是什么？想不想过上不同于普通人的生活？有没有财富观念？有没有致富之梦？如果有，要怎样来实现？

透过他们的回答，我发现，中国人的传统观念里，对财富没有那么重视，认为金钱就是财富，而谈钱很庸俗，因此常常羞于谈论财富。心理学上曾有人提出这样的问题："人为什么要来到这个世界？"这个理论实际上是围绕传递基因来展开的，就是人类自身的繁衍。但是要实现繁衍，就一定要满足生存和生活的基本需求，可见，人类的生存天然与财富息息相关。

我曾有一位邻居，他50岁时，有一天突然中风发作，因没钱救治最后不幸离世了。没有财富，他的生命权就不能得到充分的保障。如果他有充足的财富，不管是他的身体还是他的精神，都会得到更有效的支撑。或者他早年拥有风险意识，提前为自己购买保险，他的生命权也能得到更好的保障。如果他有资产配置观念，能合理分配自己的资产，为自己构建完整的保障机制，他将不仅有条件、有能力治疗疾病，甚至财富也不会因为疾病而受到减损。

这几年，我感受到了中国人对保险从无知到渴求的变化，互联网保险和网络互助蓬勃发展，是因为大量中国人在满足了基本生活需求之后，对健康、安全有了更多的追求，这是一种意识的觉醒。随着收入的增加、财富的积累，我们的观念也会发生变化。**生命权、健康权是一个人的基本权利，它们终究是需要财富来作为支撑的。我们拥有多少财富，往往决定了我们拥有多少权利。**

● 财富更是一种观念

"我独选此路，境遇乃相异。"这句话出现在《未选之路》一诗的末尾，我们无法想象美国诗人罗伯特·弗罗斯特写下这句诗时的场景，但可以肯定，他在写这句诗时，深知前方是一条艰难的荆棘之路。致富之路也是一样的，充满挑战，充满未知。

大多数人循规蹈矩，踏上一条常人之投资路径，人云亦云，不做思考，往往也不得要领，最终走完平淡的一生。少数人会随着阅历、学识等的增长，逐步建立并完善自己的财富观念，坚定地走一条正确的道路。

年轻时，我对财富很茫然，认为自己将来一定会拥有财富，但没有具体的目标，更谈不上如何实现。经历了漫长的过程和吸取了血淋淋的教训之后，我才开始去学习，树立标杆，制定目标，梳理路径。

过去，我对金钱的看法和选择偏保守，与大多数年轻人一样，我只关注当下的收入和自己的境况能否达标，对财富没有太多的思考。当我想要结婚的时候，发现我还没有一处住所，于是就推迟结婚，并没有想过要尝试各种办法去解决住房问题，而是下意识地逃避现实困难。婚后，到了生育最佳年龄段，我觉得养小孩的压力会很大，于是又推迟了生小孩的时间。就这样，我把本该在人生某个阶段要做的事情、该确立的目标不断地调整延后，而不是做计划，主动去设定目标，然后努力达成目标。**而那些具备财富观念和意识的人，把握住了一次又一次致富的**

机会，实现了财富积累，完成了阶层跨越，给自己和家人提供了更好的生活条件。

回顾早年的经历，我发现自己失去了很多致富机会，也放弃了人生其他的一些可能性。2005年，我见证了一个月内房价的飞速上涨，这给我带来了巨大的冲击，通过此事，我才开始意识到资金的时间价值和通货膨胀问题，并逐渐有了自己的财富观念。当我开始用正确的财富观念来指导自己的选择时，我发现自己摆脱了缺钱的烦恼。这些经历让我意识到，财富始于观念，当你拥有正确的财富观后，获得财富就是水到渠成的事情了。

获得一定的财富之后，我的财富观又发生了新的变化，对财富产生了新的认识。在我看来，财富也意味着一种责任。**普通人有责任创造一定的财富，这是对自己和家庭负责；企业家创造了财富，也肩负着对服务对象、员工、股东的责任；很多极其成功的企业家，当财富积累到一定程度时，还将财富转化成了对社会的责任。**比尔·盖茨在英国伦敦庆祝自己50岁生日时宣布，今后将会把全部遗产捐献给社会。阿里巴巴创始人马云在2014年为其母校杭州师范大学设立了1亿元的"杭州师范大学马云教育基金"，目的在于让更多人接受优质的教育。2017年，马云向浙江大学医学院附属第一医院捐出5.6亿元，用于医疗设备购置、人才培养与引进、医学研究。[1] 他们用自己的实际行动诠释了财富也是一种责任。

财富在社会中流动，我们要有能力将财富留下来，要学会使用适合自己的投资工具，让正确的财富观念给我们带来更大的财富。而得到财富之后，我们会发现财富也是一种工具，可以用来实现更加充实、有意义的人生。

我们如何获得、运用财富，以及我们的未来是如何的，都潜藏在我们的观念之中。

---

[1] 朱银玲，张苗：《马云携伙伴向浙大一院捐赠5.6亿》，http://www.xinhuanet.com/local/2017-06/10/c_1121120215.htm。

5 什么是财富自由

● 财富自由与财务自由

这几年，财富自由成了一个流行词，很多人都说自己的梦想是实现财富自由，但你真的理解财富自由吗？

在我看来，首先要明白，财富自由和财务自由是不一样的。罗伯特·清崎在《富爸爸穷爸爸》一书中提到，**财务自由是非工资收入大于自己的日常生活开支，即当你不工作的时候，也不必为生活开销而发愁的一种生活状态。**

非工资收入往往指的就是投资收入，是钱生钱，是让自己的资产为自己形成持续的资金流入。想要实现财务自由，就要先拥有可以用来投资的资产。那么，到底需要多少钱才能实现财务自由？

2018 年，胡润研究院携手金原投资集团发布的《2018 中国新中产圈层白皮书》中提到，中国一二线城市中产阶级普遍认为，可投资性金融资产要达到 1000 万元才能算实现了财务自由。而胡润研究院的另一份报告中提到，在中国，资产净值在 600 万元（约 100 万美元）以上的人才有资格被称为高净值人群。可以说，高净值人群是距离财务自由最近的一群人。胡润研究院调查显示，截至 2018 年年末，中国的高净值人群数量达到了 197 万人。[①]这样看来，在中国 14 多亿人口中，大约有 0.14% 的人有希望实现财务自由。

报告还指出，高净值人群的总体资产虽然比较多，但他们总体的幸福指数并不高。高净值人群中，最想拥有的排名依次是健康、美好的家庭生活、学习机会、物质财富。财务自由不能解决我们要面对的所有问题，甚至不能提高我们的幸福指数。因此，财务自由并不是我们人生追求的终点。

我所讲的**财富自由超越了一般意义上的财务自由。财富是一切有价值的东西，自由是每个人都向往的理想状态。**金钱只属于财富的一种，财富自由不只靠金钱来衡量，它是多维度的，很难去下定义。

我认为的财富自由是一种幸福感、满足感。但财富对不同的人有不同的意义，财富自由对每个人的含义也不一样。在不同的人生阶段，我们有不同的人生使命，要实现不同的人生价值。人的欲望、需求是无止境的，所以可以说，追求财富自由永远没有尽头。

● 追求财富自由永远没有尽头

很多成年人眼中的财富自由就是赚很多钱，想买的东西都可以买，能抵御生活中的风险；小孩子的财富自由可能就是买玩具的自由。

因此，随着人生阶段的转变，我们对财富的需求也会发生转变。在获得一个阶段的财富自由之后，马上就会产生新的财富自由目标。比如我在买了第一套房子之后，阶段性地觉得满足了，就开始计划买车；过了几年，就开始寻思买第二

---

① 胡润研究院：《胡润研究院发布〈2018 至尚优品——中国千万富豪品牌倾向报告〉》，http://www.hurun.net/CN/Article/Details?num=E91FC72637A8。

套房子，买第二辆车。

生活中很多人的经历都是这样的，往往都会先买房，再买车，然后又会产生继续改善住房的需求。如果财富积累得更多，需求也会水涨船高，会想要更大的房子，从 80 平方米到 200 平方米，到联排别墅，再到独栋别墅，人的需求与欲望永无止境，财富自由也因此很难界定。而且，我们真的能够实现财富自由吗？恐怕答案是否定的。

当初马云在创办阿里巴巴的时候，提出了三大愿景，其中一个就是阿里巴巴将来要成为市值 50 亿美元的企业。现在来看，这个愿景早就实现了。Wind 发布的《2019 年一季度中国上市企业市值 500 强》显示，阿里巴巴的市值达到 30747 亿元，即 4000 多亿美元，远远超过了马云当年 50 亿美元的愿景。但马云并没有停下脚步，因为现在的马云和阿里巴巴早已有了新的愿景、新的目标。对于很多成功人士而言，财务自由不是他们的终点，只是他们追求财富自由过程中的一个里程碑。随着财富的不断增值，对财富自由的追逐和自我价值的实现都会变得不同。

现在的企业也越来越重视自身的社会责任，越来越多的企业家站在了家族传承的视角，以家族名义进行捐赠，两代人一起捐赠的情况也增多了。比如碧桂园的杨国强家族，2018 年杨国强家族的现金捐赠为 16.5 亿元，杨国强还曾携女儿杨惠妍及女婿陈翀亮相清华大学，以其名下的"广东省国强公益基金会"宣布未来 10 年内向清华大学捐赠 22 亿元，由毕业于清华大学的女婿陈翀负责。

比尔·盖茨是企业家、超级富豪，但他更是一个慈善家。他和妻子创办的比尔及梅琳达·盖茨基金会是全球最大的慈善基金会。自 1996 年以来，比尔·盖茨已经捐赠了将近 7 亿美元的微软股份和 29 亿美元的现金。巴菲特曾对子女们说："想过超级富翁的生活？别指望你老爸！"他也建立了巴菲特基金会，动员身边的朋友们把财产回馈社会。这是企业家承担社会责任的体现。我非常认同他们的选择，如果实现了财富自由，就应该在自己的能力范围内去帮助别人。

反观我自己，原来我觉得只要我的小家庭过得富足就可以了，但当我取得了一些成就，照顾好我的家庭之后，我希望能够帮助那些需要帮助的亲朋好友，再后来我遇到了一些年轻人，我也希望能为他们提供一些帮助。对我而言，通往财富自由之路，也是帮助别人的启智之路。对我而言，真正的财富不仅是物质上的满足，也是精神上的富足。

这就是为什么狭义的财富自由可能能够实现，因为当物质财富达到一定的程度后，物质满足就不再是我们的追求了；而广义理解的财富自由无法实现：因为我们有永不停歇的进取心、永不满足的野心；因为在小我之外还有大我，在自我满足之外还有家族精神和社会情怀。因此，我们永远在追求财富自由的路上。

第三章

金融可以让钱生钱

"

'人找钱难，钱找钱易'，很多人对金融持有这样朴素的认知。想要'让钱生钱'，你就需要摒弃对金融的误解和偏见，知道金融的本质是什么，金融是如何做到让钱生钱的，如何把握金融投资的机遇，如何规避金融投资的风险。

"

1　金融的本质

● 时间创造价值

关于创造财富，很多人都有这样一个观念：想要获得收入，就得付出劳动。这个观点用来理解传统的生产活动没有什么问题，但用来理解金融活动似乎解释不通。不少人认不清金融的价值，甚至一些金融从业者都没有正确理解自己的工作，觉得自己没有创造真正的价值。

不管在东方还是西方，认为金融活动不创造价值，都是一个历史悠久、根深蒂固的观点。从历史上西方世界对犹太人的迫害，到中国自古以来放贷人没有好名声，都或多或少说明了人们对金融创造价值有认识上的偏差。

事实上，金融不仅创造了价值，还创造了很大的价值。当今社会，金融更是其他生产经营活动的"血液"，没有金融服务，现代经济社会将如失血一般停止运转。金融如水，滋润企业的各个关节；财富如火，温暖每一个家庭。

我们要认识金融的作用，知道钱为什么可以生钱，需要先知道金融是怎样创造价值的。

金融的本质可以用三个词语来概括：时间、资金和风险。

时间就是指资金的时间价值。北京大学光华管理学院金融系副教授香帅在北大金融学课上举过一个鲜活的例子：20世纪90年代，有一个美国汽车经销商卖车，搞了一个"零元买车"活动。经销商对消费者说，这台车卖1万美元，只要买车就返还价值1万美元的债券。很多人听了很心动，认为这样买车相当于没花钱。

然而，返还的不是1万美元现金，而是"面值1万美元"的折价国债。也就是说，这返还的1万美元要在30年后拿到。如果按当时的平均国债利率折算，30年后的1万美元债券折现到现在值多少？只值994美元。所以这个活动经销商相当于给了994美元的礼物，让利幅度只有9.94%。但如果经销商声称购车让利幅度9.94%，恐怕很多人就不买了。

经济学家陈志武教授说，金融就是跨时间、跨空间的价值交换。例如，我们每个人都离不开的货币，货币作为一张纸或者一个账户上的数字，本身是没有价值的，但它可以将今天的价值储存起来，在未来任何时候用来购买别的东西。货币的出现就是为了解决价值跨时间储存、跨空间交换的问题，货币化是金融产生的基础。这就是为什么中国在20世纪90年代的"价格闯关"让一切商品用货币来衡量，而不是用计划进行控制和分配。货币化是市场经济的起点和基础。

● 集中力量办大事

资金就是指钱的集聚。资金往往需要达到一定数量，才能起到相应的作用，就像我们常说的"有多少钱办多大的事"。很多人都开过类似的玩笑："如果中国14亿人每人给我1元，我就发达了。"1元对每个人来说都是微不足道的，但一旦聚集起来就是一个庞大的数字，就能发挥巨大的作用。

在古代，人们婚丧嫁娶需要花钱的时候，个人和家庭往往负担不起这样一次性的大开销，因此，发展出了"随礼"的文化。当别人需要用钱的时候，我随礼，到了自己需要帮助的时候，别人也会还礼。人们用这种方式来实现资金的聚集。

但这样的资金筹集效率是低下的，如果要进行更大规模的经济活动，要修一条路或者建一座工厂，就不是靠家族或者邻里集资能够完成的了。此时，只有通过金融机构创造的债券、股票等金融工具，才能快速、高效、低成本地实现资金的大规模筹集。

金融的特点就是杠杆，可以说，没有杠杆就没有金融。小到一场婚礼，大到一项航空事业，金融能够实现资金的聚集，从而才能撬动杠杆。

金融对我们经济生活的作用是至关重要的。这些年，中国一直在提倡普惠金融，就是要让更多的普通人能够享受到金融服务，用一些金融工具来撬动原本撬不动的杠杆。

利用金融的杠杆作用，我们常说的"集中力量办大事"就体现得特别明显了。中国的高铁、航天、公路等建设特别高效，"中国速度"震惊世界。这其中，金融发挥的作用是不能忽视的。

● **金融可以分担风险**

提到金融，当然避不开风险。每个人都听说过"股市有风险，入市须谨慎"，只要将资金投入金融市场，都有相应的风险，所以出借人才需要获利，利息既包含对资金时间价值的补偿，更包含对出借人承担潜在风险的补偿。

那么，把钱留在手里是不是就没有风险了呢？事实不是这样的。资金无时无刻不在风险之中，即便把钱完好地储存起来，也还是躲不过通货膨胀的风险。

金融还包含另一个方面的意义，即金融可以分担风险。可能有人觉得难以理解，我们提到金融第一时间想到的就是风险，为什么说金融能分担风险呢？

举个例子，2012 年，美国遭遇了 50 年一遇的旱灾，农产品大规模减产，但这并没有让美国农民一年的辛苦打水漂，因为他们购买了农业保险，保险公司的赔偿以及减产后农产品价格的上涨，反而让美国农民取得了比往年更高的收入。

如今，我们买车的同时都有强制购买的车险，这让我们遭遇事故的时候可以减少损失。各类保险就是金融市场高度发展之后的产物。

保险产品可以帮助普通人分担生活中的各种风险，股票可以帮助上市公司筹集资金，将未来的收益折现，使得公司有更充足的现金流用于对抗风险，也可以取得更多的资金投入发展；风投能帮助企业家分担创业的风险，当今世界上的优秀企业，如特斯拉、谷歌、腾讯、阿里巴巴等背后都有风投的影子，这些企业通过一轮轮投资的"输血"，得以成长起来，发展成为世界领先的企业。

金融让人又爱又恨，是天使与魔鬼的一体两面：如果合理运用到实体经济中，就可以分散风险，促进经济的发展；如果过度"务虚"，就会酝酿出巨大的风险。近几年，中国一直强调"金融为实体经济服务"，强调金融作为一种工具，其创造价值的作用终归要运用在实体经济上。如果金融的作用不能运用到实体经济上，就会变成一场击鼓传花的游戏，资产就会泡沫化，一定会破灭。美国2008年的次贷危机最终演变成了席卷全球的经济危机，就是金融衍生工具过度开发，最终脱离了实体经济，资产证券化过度导致的。

可以肯定的是，金融不是洪水猛兽，作为一种工具，金融本身是中性的，如果运用合理、监管得当，金融就是天使，可以为我们创造巨大的财富。

2 投资不易，借钱更难

● **资金端的困惑：投资无门**

曾任重庆市市长的黄奇帆说过，金融就是为有钱人理财，为缺钱人融资。要实现这一点，让金融在经济活动中发挥作用，就离不开发达的金融市场，也离不开各种类型的金融机构。金融市场，就是为了在资金和资产两端进行匹配，尽可能减少双方的交易成本。

中国金融体系以银行为主，其他金融机构发展不足，导致很多人和企业难以享受到应有的金融服务。这种金融体系的不完善所导致的问题是双向的：一方面，居民手中闲置的大量资金找不到用途；另一方面，需要融资的个人和企业找不到资金。

国际货币基金组织的统计数据显示，2017 年中国储蓄率为 47%，远高于26.5% 的世界平均储蓄率。一方面，是因为中国人富裕的时间还太短，不知道该怎么理财；另一方面，也是因为缺乏投资渠道，有钱也找不到往哪里投。

因此，我们总是听到"中小企业融资难""资本寒冬"的市场论，但金融行业的马太效应 ① 也越加明显，投资者和跟投者蜂拥而入，为份额挤破了头。2019

---

① 马太效应指强者愈强、弱者愈弱的现象。

年年末，中融信托推出了一款一个月起投、年化收益率为 7% 的产品，全国的机构拿出了 17 亿元的资金排队抢购。

老百姓想做投资很不容易，因为信息不对称，老百姓对信息很难有一个准确的判断，还要去解决交易成本太高的问题，所以普通人的投资渠道少，投资风险高。

● 资产端的难题：中小微企业融资难

多年的工作经历让我感受到老百姓投资不易，中小微企业融资困难。中小微企业融资困难，不仅成为中小微企业发展的瓶颈，甚至已经影响到了国家经济的整体发展。

在我国国民经济发展中，中小微企业是很重要的一股力量，是国民经济的重要组成部分。2019 年 7 月，李克强总理在第十三届夏季达沃斯论坛上说道：中国有 7600 多万个体工商户，带动约 2 亿人就业；有 3600 多万户企业，其中 90% 是中小微企业。[1] 我们可以看到，个体工商户和中小微企业对推动中国就业和经济发展有着重要的支撑作用。但是，中小微企业融资难、融资贵的问题始终存在。

中小微企业融资难有很多原因。

第一，就中小微企业本身而言，由于初始成本投入不足，没有充足的抵押物，所以资产负债率普遍很高。中小微企业抗风险能力太弱，一旦资金链条断裂或脆弱，就会导致其生产经营遭受沉重打击，很容易破产，所以在金融机构眼中，中小微企业的信用是比较差的，这当然会影响到放贷的决策。

---

[1] 李克强：《李克强在第十三届夏季达沃斯论坛开幕式上的致辞（全文）》，http://www.xinhuanet.com/politics/2019-07/03/c_1124706984.htm。

第二，银行缺乏给中小微企业贷款的意愿。银行要放贷，都要进行相应的风控和尽调[1]，这些都是有成本的。我之前和很多银行行长交流，他们都隐隐约约透露了银行业的一个潜在标准，即只愿意做单笔在 3000 万元以上的贷款。因为对于银行而言，30 万元和 3000 万元的贷款需要投入的尽调和风控的成本是一样的，单笔贷款金额太低，银行觉得不划算。

银行有对资产质量和风险收益的考虑，银行行长也要面对贷款责任人的终身追责制。很多银行行长跟我交流时都说他们压力很大，不想因为给中小微企业贷款而增加银行的坏账率，影响银行的声誉和形象。

另外，国家为了鼓励中小微企业的发展，希望金融机构贷给中小微企业的利率比贷给大型企业的还要低，这反而使银行等金融机构不愿意贷款给中小微企业。

第三，国家对中小微企业融资的法律、政策尚未完善，对于民间融资也没有明确的法律条文。一方面，银行等大型金融机构不愿意贷款给中小微企业；另一方面，相当一部分民间借贷又不能得到国家承认：中小微企业融资难的问题就不能从根本上得到解决。

● 借贷难题要靠市场解决

中小微企业融资难是长期存在的症结，好在最近几年，随着互联网技术的发展，诞生了试图解决此问题的互联网金融，比如微众银行。截至 2018 年年底，微众银行累计服务小微企业 30 余万户，提供贷款 200 多亿元。小微企业贷的户

---

[1]　尽调，也称"审慎调查"，指在收购过程中收购者对目标企业的资产和负债情况、经营和财务情况、法律关系以及目标企业所面临的机会与潜在的风险进行的一系列调查，是企业收购兼并程序中最重要的环节之一，也是收购运作过程中重要的风险防范工具。

均授信金额为 32.19 万元，笔均提款 19.47 万元。[①] 其中，2018 年微众银行对 500 万元以下的小微企业对公账户仅有 135 万户，在全国的信用贷款产品中占比达到 11%。这些贷款的企业，八成的年营业收入小于 1000 万元，平均贷款余额 29 万元。微众银行实现了小微企业的快速周转、轻负担，3 分钟到账、随借随还。[②]

微众银行背后其实就是对互联网的产品设计和互联网科技的有效运用，通过大数据解决信息不对称问题，有效地控制风险，从而不断降低中小微企业的融资成本，有效地匹配中小微企业的资金需求，从而在一定程度上解决了中小微企业融资难的问题。

现在也有越来越多的传统银行采用互联网大数据进行业务管理。从降低成本和风控的角度看，这当然是一个进步。但同时也衍生出了新的问题：一方面，利用大数据筛选中小微企业，只能选出那些历史信用比较好的企业，很难判断其未来状况；另一方面，运用了更好的技术手段，让银行可以随时对信贷政策进行调整，银行一旦发现中小微企业有风险预警信息，会采取更加强硬的风控措施，这甚至会加速一些中小微企业倒闭。

与此同时，民间借贷也在与互联网技术进行结合，但最终还是要通过市场机制去解决问题。市场机制的关键就是利率市场化。利率市场化就是将利率的决定权交给市场，由市场主体来自行决定利率，这就意味着政府要放开对存贷款利率的行政管制，解除对银行存贷利差的保护。

利率市场化可以让不同的金融机构提供差异化服务的空间更大，也给金融机

---

① 开甲财经：《连推两款小微企业信用贷产品，微众银行要正面 PK 网商银行？》，http://www.sohu.com/a/327383587_140464。

② 《微众银行公立：金融科技服务小微企业是蓝海市场 下沉基础是大数据风控有效性》，http://finance.jrj.com.cn/2019/06/26155327758658.shtml。

构提供一个更公平的竞争环境，有助于中小微企业获得融资。有分析师认为，贷款利率市场化一定也将反射到存款利率上，切实提高居民存款的收益率。

因为工作的缘故，我跟中小微企业接触交流得比较多，**很多企业其实对利率、利息没那么敏感，它们在乎的是能不能融到资，企业首先要能生存下来，才能够获得商业机会，这就需要资金真正起到融通的作用。**

资金是企业运转的血脉，有时候企业融资需求很急，现金流对有变现能力的企业来说是非常重要的，甚至比利润还要重要。如果一家企业的利润很高，但某一个月资金链断了，可能就崩盘了。所以短期融资往往救企业于水火，否则企业血脉断了，企业肯定就死定了。

所以，国家要支持中小微企业融资，就要推动利率市场化，这样中小微企业才能真正走向一条可持续发展的道路。否则，中小微企业融资难的问题就很难从根本上得到解决，技术的进步都是相对的，市场才是关键。

3　银行的风险

● 银行百分之百安全吗

中国老百姓爱存钱，钱没花掉就去银行存起来，或者购买银行的理财产品。一方面，大家缺乏投资意识；另一方面，人们认为投资很难，只能把钱存在银行，或者在银行投资。在他们的潜意识里，银行是绝对安全的。

中国储蓄率历来很高，高于发展中经济体和发达国家的平均水平。中国人民银行 2020 年第一季度公布的数据显示，新增人民币存款共 8.07 万亿元，相比 2019 年同期人民币存款新增的 6.31 万亿元，多增加了 1.76 万亿元，这让很多人惊呼"报复性存款"来了。

这一方面说明我国的储蓄率很高，存款成为中国老百姓主要的资产形式；另一方面也证明大家对银行的安全性是很信任的。

但是，银行真的百分之百安全吗？

首先，我们要搞清楚银行的业务是怎么开展的。中国商业银行的主营业务包括吸收存款、发放贷款及办理各类中间业务。银行吸收社会公众的存款，然后把资金贷给需要使用的个人或者企业，并收取一定的利息，这其中是有风险的，任何贷款都有逾期甚至坏账的风险。

2015 年，国务院颁布了《存款保险条例》，其中第五条提到"存款保险实行限额偿付，最高偿付限额为 50 万元"。也就是说，如果银行破产，银行保险只对我们在一家银行的所有存款本息 50 万元以内的部分进行赔付。当然，我们并不用太过担心这一点，毕竟我国银行破产的风险是非常小的。

很多中小银行抵抗风险的能力偏弱，因为中小银行的业务大都集中在某一个地区，而一个地区的企业是有限的，这些银行的业务往往集中在几个行业里，一旦相关行业出现问题，该地区的企业也出了问题，这类银行受到的损失可能就会非常大。

2019 年，包商银行突然被接管，这曾让很多人心惊胆战。包商银行被接管的主要原因是明天集团占了包商银行 89% 的股权，而且银行大量资金被这个大股东违法、违规占用，形成大量逾期贷款，坏账率极高，导致包商银行面临严重的信用危机。并且包商银行的资本充足率低于监管要求的 10.5%，各项经营指标显著承压，最终触发了法定的接管条件。[1]

从包商银行的案例来看，持续增加的信用风险和资产质量压力侵蚀利润，包商银行难以进行内源性资本补充[2]，而大股东明天集团也出现了问题，外源性资本[3]也很难加大补充，所以大量负债难以兑付。

包商银行被接管后，负债并未全额兑付。所以，银行的钱也不是百分之百安全。银行理财子公司的抗风险能力就更加有限了。

---

[1]　任泽平、方思元、杨薛融：《包商银行事件：成因、影响及展望》，https://news.hexun.com/2019-06-17/197551692.html。

[2]　内源性资本补充渠道主要是每年的留存收益以及部分超额拨备。

[3]　外源性资本补充渠道主要有上市融资，增资扩股，发行可转债、优先股、永续债、二级资本债等。

● 银行理财也可能有风险

很多人都有过被银行工作人员推销理财产品的经历，一般情况下，人们认为跟银行打交道一定是安全的，不会加以辨别。但事实并不是这样的。银行理财违约并不是多么新鲜的事情：2018 年元旦后，中国邮政储蓄银行发布公告，披露"侨兴债"违约，涉及金额 22 亿元；之后，交通银行 3 亿元私人银行理财产品也被曝出退出困难，虽然最终没有违约，但这个产品在延期两年之后最终并未按照协议收益率退出，约定的年化 8% 的收益率只兑现了 4%。

此类事件不在少数。2019 年，招商银行与钱端"14 亿元逾期"的争端事件也给大家敲了一个警钟。

2019 年 6 月，广州警方接到多名在钱端 App 购买投资理财产品的事主的报警。其实，从 2018 年年底起，就有投资者陆续爆料，在钱端 App 购买的理财产品逾期未兑付。

在钱端 App 购买理财产品跟招商银行有什么关系呢？2013 年，招商银行旗下的互联网金融平台小企业 E 家上线运行。2015 年 6 月，小企业 E 家停摆。有媒体报道称，登录小企业 E 家官网选择个人页面后，网页会弹出一个二维码，扫描后会出现一个名为钱端的互联网理财 App。因此，有投资人认为钱端与招商银行有千丝万缕的关系。

随着事件的发酵，招商银行与钱端双方说法不一，上演罗生门。我们不去探究招商银行与钱端 App 的真实关系，但有一点可见，钱端 App 是由招商银行的员工以"旗下平台"的方式背书的，这些员工推荐、引导储户将钱投入到钱端购买理财产品。有多位投资者表示，自己是通过招商银行的工作人员接触到钱端 App 的。

因为钱端的产品收益率不高，在 4% ~ 6% 之间，人们觉得收益较低，加上有招商银行背书，肯定稳妥，于是就投了，甚至很多招商银行的员工和员工家属都购买了钱端的产品。最终钱端逾期金额达到 14 亿元，波及 9000 多名投资者。[①]

《关于规范金融机构资产管理业务的指导意见》（以下简称资管新规）出台，打破了以往的刚性兑付，规定资产管理业务不得承诺保本保收益，表明银行理财产品也不保证安全。银行理财刚性兑付被打破，风险自然会变大。2018 年12 月，《商业银行理财子公司管理办法》出台，允许商业银行下设子公司开展资管业务，在资管新规框架下，银行以理财子公司的形式开展业务就是为了实现与母行的风险隔离。

这对于投资者来说意味着，如果投资的理财子公司出现问题了，投资人只能去找银行的理财子公司，这时候理财公司能赔多少算多少，其背后的商业银行是不会提供兜底保障的。因此，有时候我们相信了某笔投资背后的银行，但我们的资产可能很难得到有效的保障。换句话说，银行理财还是有风险的。

---

① 铁马：《因为钱端，我从招行离职了》，http://www.sohu.com/a/325980245_532736。

4 负债没那么可怕

● 负债消费，跨越时间平衡收入

很多人都对负债充满恐惧，因为一旦无法偿还债务，往往就意味着人生的崩盘。从这个层面来说，恐惧是有道理的。但**负债并不总是可怕的。只要我们周转安全，量力而为，不是为了负债而负债，不是借钱铺张浪费或者加高杠杆来投资，用好负债，也可以为我们的财富带来很大的好处。**

我年轻的时候也对负债充满恐惧，甚至相信一种说法：负债就是"透支未来"。现在看来，这个观念让我做了很多错误的决策。

2005 年买房的经历，让我从想要付全款到接受按揭。后来随着工作的变化，我的财富观念逐渐成形。我意识到，**债是一种可贵的人生资源，善用债务工具，可以债中生钱，适当的负债可以让自己更有钱。敢于负债，也意味着自己对未来有信心。**

量入为出是很多中国人根深蒂固的观点。2017 年中国居民储蓄率为 47%，而全世界的平均储蓄率只有 26.5%。2018 年，中国居民储蓄率为 36.8%，虽然是呈持续下降趋势，但与美国的 7.6% 相比，中国是其约 4.8 倍。

有传统观点认为，中国人喜欢存钱，西方人喜欢花钱；中国人崇尚节约，西方人讲究消费；中国人以欠债为耻，西方人习惯负债消费。其实，**负债能刺激人努力挣钱，负债也是一种可贵的人生资源，是一种生活方式，适当的负债会为我们带来奋斗的动力。**

只要不是欠债不还，负债就可以帮助我们利用"马太效应"，实现用财富聚集财富，借钱生钱就是其中的一种方式。负债还有一个独特的价值，就是能使我们的信用增值，例如刷信用卡消费也是一种负债，这种负债能帮助我们形成良好的信用，好的信用能帮助我们抵御潜在的财务风险，这也是财富的一部分；而借钱买时间更是一种明智的交易。

消费习惯和财富积累是有关系的。现在很多人都接受了按揭贷款买房，主要还是因为受到了现实的教育，如果不贷款，存钱的速度远远赶不上房价上涨的速度。在房价上涨的时候，贷款买房就是合理合法地运用杠杆。事实上，正是由于中国在 1998 年之后推出了住房贷款、汽车贷款等金融产品，才让越来越多的人能住上自己的房子，开上自己的汽车，否则这些昂贵的商品只有富人才能拥有。

除了大件商品，还有很多人没有摆脱日常消费只能量入为出的定式思维。中国银行业协会发布的《中国银行卡产业发展蓝皮书（2019）》显示，2018 年中国人均信用卡持卡量达到 0.7 张，与 2017 年的人均 0.57 张相比有了提高。但美国的人均信用卡持卡量超过 3 张，相比美国，我们还有很大的差距。当然信用卡只是其中的一个方面，近几年手机支付的兴起，让很多中国人开始使用花呗、京东白条等来进行日常消费，大大提高了中国人对超前消费的接受程度。

中国信用卡借款人平均年龄为 34 岁，年收入至少为 11 万元，几乎是中国城镇居民年平均收入的三倍。[①] 中国的富人和穷人之间可能就横亘着一张薄薄的信

---

① 任淑莉，王会聪：《美媒：拥有一张信用卡　在中国你是幸运的》，https://oversea.huanqiu.com/article/9CaKrnKjYM7。

用卡。缺乏信用卡只是一个表象，背后是这部分人缺乏整合资源、平衡收入与支出的能力，这在很大程度上削弱了他们的致富能力。

其实，合理的提前消费就是让我们用未来的收入流来支付当下的消费，是价值跨时空的转移，能够让我们把自己的人力资本变现变活。因为**对大多数人而言，都是在最想花钱、最需要花钱的年轻时期没有钱**；当老了，不那么需要花钱了，反而是一辈子钱最多的时候。超前消费可以在很大程度上帮助我们平衡一生的消费水平。按照经济学逻辑，只有跨越时间平衡收入，才可以最大化一生的整体幸福感。

经济学家瑟里克曼研究发现，超前消费并没有让美国人变懒惰，相反，月供的压力迫使他们更加积极向上，而且由于月供的压力，很多家庭开始注重理财，精心规划家庭收支，并促使了"家庭财务纪律"的养成。

● 合理负债可以支持未来发展

很多人实际上缺乏对于负债这方面的认识，认为负债就是跟别人借钱，只要向别人借钱就感觉浑身不舒服。我在买房之前，对负债的看法也是如此，所以那时我宁愿用几年甚至更久的时间去积累自己买房的全款，也不愿意去借钱。那时，我没有意识到合理负债可以实现财富增长。

当身边的朋友通过合理利用负债打开了创业的大门，并实现了财务自由后，我才意识到可以用更宽广的视野来理解负债，不同的财富观念可以让我们做出不同的选择。

很多人都不认可个人通过负债来投资，这确实存在很大的风险。但依靠负债来发展，并不是一件陌生的事情，它时刻发生在我们身边。

往大了说，国债就是中央政府用负债的方式来取得财政收入，解决财政支出，用负债的方式来为国家的投资筹集资金。国家取得财政收入的方式主要有两种：一是税收；二是国债。如果将其与个人的消费做对比，税收就像是量入为出，国债就像是超前消费。

这两种资金筹集方式有什么区别呢？金融学上这样解释：**税收是一种财政手段，针对的是当下的居民收入，相当于"切蛋糕"，重新在政府和居民中间分配资源，税收高了，居民的份额就变小了；而发债则是一种金融手段，用国家的未来收入做抵押，将未来的蛋糕做大，再进行资源分配。**

发行国债可以避免大量征税对国民财富的伤害，就像我们利用个人信用申领信用卡进行消费一样，国债是国家用契约的方式，通过国家的信用将未来的收入进行抵押，比起税收这样的强制性手段，国债明确了国家与人民之间的契约关系，在减少冲突的同时，也让国民可以通过金融手段来共享国家的发展成果。

更为重要的是，过度征税、竭泽而渔会导致民不聊生，往往是一个国家动荡的根源。而国债的发行，需要一套制度来明晰债权债务关系，会让国家和政府的权力受到约束，现代社会的契约和法制环境得以形成，这对现代国家的形成起到了至关重要的作用。稳定的制度、法制环境，以及源源不断、循环往复的资金支持，是现代国家经济得以快速发展的重要基础。事实上，多发债、少征税正是美国崛起的金融逻辑。

对我们个人而言，也不必谈负债色变，要在量力而行的基础上，用合理的负债来支持我们未来的发展。

● 银行借款利息没那么低

借贷就有利息。利息，就是货币在某段时间的价值体现。很多人觉得高利贷难以接受，甚至有人连利息都不认同。但如果你用日常消费来理解，就不会这样认为了。

借钱，其实就是购买出借人资金在一定时间内的使用权，是一种交易行为，就像我们日常消费一样，有人愿意花几百万元、几千万元买一辆车，愿意花几千元、几万元吃一顿饭；有人坐公交车，吃几块钱的路边摊。不同的人，对商品愿意支付的价格是不同的，借钱的利息就是借款人愿意支付的价格。

中国已经实现了商品价格的市场化，利率市场化还在改革当中，但利率其实和商品价格是一样的，很难通过行政手段去制定，如果国家这只"有形的手"干预过度，就会造成市场的混乱与扭曲。

更何况，金融一定是伴随着风险的，贷款给借款方，就要承担借款方不还钱的风险。很多人难以理解，怎么会有人或企业愿意支付高利息？经济学家薛兆丰说："利息是对人们延迟消费、接受不确定性的一种补偿，只要把时间因素考虑在内，收取利息就是天经地义的行为。"

中小微企业融资难，是因为这些企业偿债能力比较弱，抵押物也不充分，银行对它们贷款的要求更高。此外，很多企业即使有一定的还款能力，但因为企业的经营活动始终是变化的，企业对贷款资金的灵活性有很高的需求，这其中包含的隐性成本往往不能用利率来衡量，企业会有自身的判断。

大多数有短期资金需求的借款人会选择民间借贷，因为借款人通常认为放款效率比利息更重要。银行贷款的流程长、手续多、步骤复杂，而且还有隐性成本，如果再加上正常贷款利息，实际成本更高。

我们常常会遇到这样的现象，贷款流程和周期不合理导致资金使用效率低下，最终使得项目无法持续运转。有这样一个极端的案例，某个政府土地整理项目接受了一家农商行的贷款，总计 6.9 亿元，按计划这些钱要用三年，但贷款申请下来之后，银行直接把 6.9 亿元一次性放款到项目的账户上，然后立刻开始计息。这么多钱，每天仅利息就要几十万元。更严重的是，银行为了响应监管政策的变化，这个项目三年的时间只让花掉 1 亿元，但需要支付给银行 6.9 亿元贷款的利息。

由此可见，在某些情况下，虽然银行贷款的利率相对较低，但综合响应速度和其他成本来看，在某些项目上，银行贷款的总体成本实际更高。

● **效率比利率更重要**

这些年，互联网金融发展得很快，一方面，得益于互联网工具使效率变得更高了，大数据与人工智能可以更有效、灵活地筛选数据，形成一整套的风控措施，如果借款人是"老赖"，就过不了大数据的风控关。另一方面，互联网金融平台比传统金融机构的资金使用效率更高，响应速度更快，小额、短期的贷款周转很快，成本也比传统金融机构更低。

一些互联网金融平台放贷可以做到"秒到"，如腾讯的微粒贷，日利率是 0.05%，到账迅速，随借随还，缺点是额度比较低。每天 0.05% 的利率，折算成年化利率约为 18.25%，非常高，但如果借款人只借 4 天，那只付 4 天的利息足矣。如果把资金响应速度和便捷程度拿来一起算就会发现，它解决了很多人的短期资金需求。

中国人民银行发布的《2020 年上半年小额贷款公司统计数据报告》显示，截至 2020 年 6 月末，全国共有小额贷款公司 7333 家，贷款余额 8841 亿元。[①] 人

---

① 中国人民银行：《2020 年上半年小额贷款公司统计数据报告》，http://www.pbc.gov.cn/goutongjiaoliu/113456/113469/4061877/index.html。

们在人生的某个阶段会有资金的需求，可以通过贷款来解决当下的需求问题。

如果是个人做投资，会计算投资回报率；如果是企业家借款，会从商业机会的价值来考量。我们来看身边的案例，一个做工程项目的人有一个 1000 万元的项目需要投标，前提是必须先交 100 万元的保证金，如果他把这 1000 万元的项目承接下来，可能会获得 300 万元的利润。但是他的资金周转不开，必须等到 1 个月后才可回收其他应收账款。此时，他考量的是融资带来的商业机会价值。银行的贷款流程长，远水解不了近渴，无法满足他的短期融资需求，会使他错失项目机会，所以，他更愿意承担高利率，通过其他借贷方式来获取资金。可见，有时效率比利率更重要。

5 金融是一种中介服务

● "投机倒把"曾是重罪

现在有个流行语叫"没有中间商赚差价",大家经常用这句话来调侃很多事情,但很多人可能不知道,在几十年前,中间商赚差价在很长一段时期是违法的。

我有个亲戚是商人,他广交朋友,做中介服务。在市场经济的环境里,通过低买高卖实现货品交易,填补价值洼地赚取差价,或者叫"价值变现",现在我们认为这是再正常不过的经济活动了,但在计划经济年代,绝大多数商品都是计划供应,要凭票证才能获得,商品永远是稀缺的。

只要有需求就一定有交易,因此,民间产生了很多自发形成的交易,这些交易都受到了严格的控制。比如,1963年,"长途贩运"曾被列入违法的范围,对人们到外地探亲访友或自食自用所带物品也做了细致规定:既有实物量的限额,如粮食只能带15斤,花生仁只能带3斤,食用油只能带2斤等,又有携带农产品总值的限额,按国营商业零售牌价计算,不超过10~15元。[1]

---

[1] 雷颐:《"投机倒把"的来龙去脉》,http://www.eeo.com.cn/2016/1203/294734.shtml。

我的这位亲戚当年做转手倒卖的生意，因为"投机倒把"的罪名，一次被判5年，一次被判20年，人生中相当长的一段时光都在监狱中度过了。

经济学家陈志武曾在《金融的逻辑》一书中举例说明人们反对"投机倒把"的情绪高涨。20世纪90年代，当商人在湖南衡阳以1元/斤的价格买进大米，在广州以5元/斤的价格卖出时，还有人感到无法接受，认为商人"暴利""不劳而获"。[①] 传统思维方式对人们观念的影响可见一斑。

不管是人们对"中间商赚差价"的排斥，还是国家曾经对"投机倒把"的打击，都没有使中介这个商品交易、价值交换的方式彻底消失，只要有需求就有交易，只要有交易就有中介的一席之地。

● 金融中介不是洪水猛兽

在商品交易中，如果一个人想卖一只鸡又想买十斤大米，而另外一个人刚好要卖出十斤大米又想买一只鸡，他们都知道对方的存在并且可以毫无障碍地进行交易，那么这样的情况就不需要中介。但现实生活中，这样的交易比较少见。我们每天要进行各种各样的交易，我们可能不知道每天消耗的食物、各类生活用品到底是谁生产出来的，我们可能也不知道自己创造的东西最终是谁来享用，我们生活在一个信息不对称的世界里。

除了信息不对称，我们还要面对交易成本的问题。交易成本是指当完成一笔交易时，交易双方在买卖前后所产生的各种与此交易相关的成本。例如搜寻交易对象（买方/卖方）的成本；进行协商和签订协议的成本；履行协议的成

---

① 陈志武：《金融的逻辑1——金融何以富民强国》，西北大学出版社，2014。

本；监督交易是否按约完成的成本。诺贝尔经济学奖获得者科斯在其获奖论文中论证了组织企业就是为了解决交易成本的问题，通过企业内部的安排来避开部分交易费用。

如果我们想投资，也会面对信息不对称和交易成本的问题。例如，我们需要了解对方的项目行业现状、管理团队和还款来源，这些存在信息不对称。我们不可能天然地知道项目方是否可靠，因此就需要进行尽调，要通过签订协议来明晰双方的责任和义务，要对项目进行风险控制，还要对双方的履约情况进行监督，这些都会产生交易成本，而且交易成本非常高。老百姓手中的钱有限，负担不起太高的成本，只有依靠中介、依靠资金聚集的效应，通过成本共担才能摊薄成本，老百姓也才有投资的动力。

正是因为信息不对称以及交易成本的存在，我们才需要各种各样的专业市场、专业公司、专业中介。金融市场由此而产生，银行、信托、基金、互联网金融的产生，也都是为了解决投资双方信息不对称和交易成本太高的问题。

我们处在一个信息大爆炸的时代，但信息不对称的问题依然没有得到解决。互联网金融的兴起，在一定程度上解决了部分问题，例如余额宝，它几乎实现了零成本对普通老百姓闲散资金的归集。对老百姓而言，它和银行活期存款很像，可以随存随用。但传统银行吸纳活期存款就会有开设银行网点、支付员工工资等成本，导致其年化收益率偏低。

互联网金融公司的风控可以依靠大数据实现，对中小微企业进行智能筛选，而不是依靠传统的人工调研，这就大大地降低了成本，使得一些原来不能获得金融服务的中小微企业，通过互联网金融也能获得一定的金融服务。互联网金融也能低成本地对闲散资金实行聚集和利用，让以前不能得到金融服务的个人得到一定的金融服务。党中央、国务院也高度重视发展普惠金融，提出要大力发展，让所有市场主体都能分享金融服务的雨露甘霖。

互联网金融归根结底只是一种"中介"，它的存在是为了更好地解决借贷双方的信息不对称和交易成本高的问题。互联网金融不是"投机倒把"，更不是代表邪恶资本的"洪水猛兽"。

6 重新理解网络借贷

● P2P——从野蛮生长到风险爆发

2019年，P2P在中国已走过了12年。这12年来，P2P经历了翻天覆地的变化，从初出茅庐到野蛮生长，从风险爆发到重新洗牌，如今正面临前所未有的监管。2019年11月，互联网金融风险专项整治工作领导小组和网贷风险专项整治工作领导小组称，将加快推进网贷机构分类处置风险出清。

2005年，全球第一家P2P网络借贷平台Zopa在英国成立；2006年，美国P2P平台Lending Club在美国成立，后来成为全球最有影响力的网络借贷公司之一；2007年，中国第一家P2P平台拍拍贷在上海成立，2017年，拍拍贷在美国上市，当时的总市值达到了40亿美元，2019年，拍拍贷CEO（首席执行官）张俊表示，拍拍贷不再是P2P公司，而是一个助贷平台。

在欧美发达国家，网贷公司的成立是为了解决小额资金需求问题，在中国也是如此。中国的银行主要还是为国有企业、大型民营企业提供服务，较少做3000万元以下的业务，中小微企业很难享受到应有的金融服务。

不只是中国，中小微企业融资是全球性的难题。传统金融机构的风控成本很高，并且中小微企业往往缺少信用支撑，缺少优质的资产和抵押物，尽管国家出台了很多政策来鼓励银行等金融机构向中小微企业提供贷款，但传统金融机构由于成本和风险的问题，很难真正贷款给中小微企业。所以，互联网金融不仅在欧美国家发展得很好，在中国更是一时间风起云涌，掀起了巨大的行业浪潮。

2013 年，余额宝上线，短短几个月规模就突破了 1000 亿元。很多网民由此第一次接触到互联网金融，享受到了以前从未享受过的金融服务。随后，百度理财、腾讯理财通也相继上线。可以说，2013 年是中国互联网金融的"元年"。

2015 年，作为互联网金融重要组成部分的 P2P 网贷迎来了爆发式发展，普通人通过无处不在的广告了解甚至参与到了 P2P 这种互联网金融形式当中，但该行业乱象、监管缺位等问题也暴露了出来，平台自融、跑路等问题频发。2015年 12 月，P2P 行业的野蛮生长期结束，迎来了行业整治期。国家对 P2P 的监管日趋严格，很多问题平台被曝光，整个行业受到较大冲击。

● 有问题的是现金贷、套路贷

互联网金融给很多传统金融机构覆盖不到的个人和中小微企业提供了金融服务。2014 年，互联网金融被写入了政府工作报告，报告提出"促进互联网金融健康发展，完善金融监管协调机制"。国家也认可了互联网金融在完善金融体系上发挥的作用。可是，面对行业乱象，该如何整治？我认为，应该重点打击现金贷和套路贷。

现金贷是指一切无指定借款用途、向个人的资金融出。它与网络小贷不一样，网络小贷是指小额贷款公司通过网络平台获取借款客户，运用网络平台积累的客户数据、即时场景信息等分析评定借款客户的信用风险，确定授信方式和额度，并在线上完成贷款收发全套流程的业务。

现金贷的特征是短期、无场景、无用途限制、高利率、申请几乎没有门槛。

此类业务有个很大的问题，就是无法解决借款人多头借贷和借新还旧的情况，容易造成借款人债务危机，导致机构坏账，引发恶意催收。

套路贷具备欺诈性质，套路贷的常见手法包括：以低息、无抵押、无担保、快速放款等诱饵吸引借款人借款，再以"保证金""行规"等理由诱骗借款人签订金额虚高的"借贷"协议；故意给借款人设置违约陷阱、制造还款障碍等，导致借款人违约，收取高额违约金；当借款人无法偿还时，诱导借款人多次借贷，通过"以贷还贷"等方式不断垒高借款人"债务"。

随着国家的大力整顿，我们常常能看到这样的新闻：

> 2016 年 8 月，在杭州做服装生意的郑女士因急需用钱，向一家"寄卖行"老板借款 3 万元，之后不断"被违约"，被迫反复借新债还旧债，一年后郑女士的 3 万元借款竟"滚"成了 800 万元。[①]

> 某师范学院大学生李某某接到"校园贷"的诈骗电话，通过微信等软件提出借款 1000 元，扣掉其他费用后实际到账金额只有 590 元，贷款期限也由原来约定的七天变成了五天，贷款到期后，因李某某无钱偿还，犯罪嫌疑人又向李某某介绍第二个贷款平台，李某某向第二个贷款平台贷款用于归还前期的债务。就这样循环下去，三个月后所欠的贷款已经变成了 5.4 万元。[②]

这些所谓的"现金贷""套路贷""校园贷"其实都是打着互联网金融旗号的诈骗，它们故意让借款人的欠款从 5000 元发展到 50 万元甚至 500 万元，属

---

① 朱国亮、方列、唐弢、孙亮全：《"套路贷"套路深　借款 3 万元一年"滚"成 800 万元！》，http：//www.xinhuanet.com/fortune/2018-05/24/c_1122880591.htm。

② 朱亮韬：《借 1000 元三个月后欠 5.4 万　"套路贷"是怎么坑人的？》，http://finance.caixin.com/2019-02-26/101384342.html。

于违法行为。这与互联网金融是两回事，很多中小微企业正是因为有了互联网金融的支持，才能解决短期融资的需求，才能生存下去。我们要分清楚这二者的区别，不能以偏概全地说所有互联网金融都有问题。

● 好平台做对了什么

宏观经济下行、金融去杠杆带来的流动性降低、资金链压力过大……上述因素致使投资者信心减弱，形成恶性循环，导致大量平台倒下。在大多数平台倒下的时候，我们或许更应该问：好平台做对了什么？好平台应该做到什么？

这其中有两个关键点，好的平台往往都坚持了两个原则：一是只做"信息的中介"，不碰出借人的资金；二是背后有优质的资产、产业项目作为支撑，或者是有生态链、生态闭环。

2015 年 7 月，中国人民银行等十部门联合印发了《关于促进互联网金融健康发展的指导意见》（以下简称《指导意见》）。这份《指导意见》给予了网络借贷明确的定位：个体网络借贷机构要明确信息中介性质，主要为借贷双方的直接借贷提供信息服务，不得提供增信服务，不得非法集资。此时 P2P 从原来的个人对个人演变为个体到个体，个体既包含个人，也包含企业、机构或者组织。

国家对网络借贷信息中介的定位，是要求网贷公司就好好地做平台、做中介，不要去做背书，也绝不能动投资人的钱。如果借款人还不上钱，作为中介，要起到协调的作用。

但中国整个金融体系是偏刚性的，为了取信于出借人，平台就会做一些承诺或担保。尤其是在成立早期，平台会认为自身能力很强，做了很好的尽调，不容易发生逾期和坏账。但随着业务的扩大，风险责任也越来越大，坏账越来越多，最终可能就无法兑付了，导致"跑路"现象频发。

因此，除了部分钻了监管漏洞的害人虫，最关键的因素还在于背后有没有优质底层资产作为支撑。很多网贷平台从无到有，发展非常迅猛，吸收了很多资金，却没有办法在短时间内找到好的资产来消化。"资产荒"是个老大难问题，不仅网贷平台有"资产荒"，银行也有"资产荒"，找到优质资产是很困难的事情，成本也很高。然而，如果没有好的资产作为支撑，一旦环境变化，如遭遇金融去杠杆，资金流动性退潮，不够优质的资产很容易产生逾期和坏账，平台就会面临严重的生存问题。

● 互联网金融与网络借贷

实际上，互联网金融和网络借贷是两个概念，第三方支付、网络小贷以及人们熟悉的支付宝、余额宝都是互联网金融，网贷只是其中的一个小板块。我们所熟知的 P2P 也不是网贷的全部，支付宝的"借呗"、微信的"微粒贷"都是网贷，网贷依然有很多优势，可以给普通人提供金融服务。

网贷没那么神秘，其本质是专业的外包服务。网贷公司在借款人和出借人之间做尽调、做风控，其实做的是专业服务，而不是金融服务。只要网贷回归中介本质，符合国家直接融资的政策，未来依然有巨大的发展空间及发展潜力。

对很多需要转型的网贷平台而言，未来想要平稳地发展，规范地运行，关键在以下三个方面。

一是回归定向信息传递服务的本质。以往，网贷平台为了募集资金，可能会设立一个账户，在资金募集期内就形成了资金池，这就是个问题。现在已经有网贷平台调整了运营方式，其中一种就是"线上做信息，线下来交易"，就是出借人在平台上了解项目之后，在线下与借款人签订合同，然后通过银行直接把钱打给借款人。这样既避免了平台设立资金池，同时出借人也能知道借款人是谁、项目在哪里，甚至还可以亲自看一看项目。这才是真正的直接融资。

二是尽调和风控。资产，要有好的项目，要与实体经济相结合，才能有好的还款来源，这就是所谓的"产业＋金融"。另外，项目还要有好的团队来运营，否则就算项目很好，但操盘团队有问题，机制不健全，好的项目也会变成坏的项目。

资产就意味着要有抵押物。信贷讲究信用，但绝对不能仅仅依靠借款人的信用，因此要有抵押物，这样，不管借款人出不出状况，都可以凭借抵押物在很大程度上保证资金的安全。

归根结底，好资产要和产业结合。自从"产业互联网"的概念被提出之后，产业金融也越来越受到关注。资金要和产业深度结合，真正成为实体产业的血脉，由产业项目流程来主导金融的运作。正如中国国际经济交流中心副理事长黄奇帆所说，"金融是为实体经济服务的，金融如果不为实体经济服务，就没有灵魂，就是毫无意义的泡沫"。

三是记账管理和技术进步。未来网贷行业还要进一步利用新的技术，创造更大的想象空间。如结合区块链技术，由于区块链技术具有不可篡改、可追溯、开放性、匿名性等特点，在金融领域有广阔的应用前景。

网贷平台转型，要深刻结合"产业＋互联网＋金融"的模式，实现翻天覆地的变化，真正服务实体产业，从借贷业务中抽身出来，脱离资金、脱离金融，只为借贷双方提供专业服务，把所谓的金融服务转变为普通的各项专业服务，做好定向信息传递服务，做好借款项目尽调和风险控制服务，做好借贷双方记账管理服务。要充分利用互联网技术的进步，包括区块链、电子签章等，降低交易双方信息不对称的程度，降低交易成本；运用传统金融的原则，重视信用、控制杠杆、注意风险，把银行级风控手段与民间借贷业务有机结合起来，实现交易便捷和交易安全的统一。网络借贷服务未来可期，大有前途。

第四章

契约精神，
信托责任

"

我们要运用各种各样的金融工具为自己创造财富。私募作为一种金融工具，就是一颗耀眼的明珠。很多人对私募不了解，认为它太神秘，不敢靠近它。作为一种可能给投资人带来高收益的投资方式，私募到底是什么？什么人可以做私募投资？私募投资的风险在哪里？我们应该怎样选择适合自己的私募投资？

"

1 我为什么做私募

● 风起云涌的创投

近些年，互联网快速发展，整个社会创新创业的浪潮越发汹涌，互联网创新企业缔造的新的商业模式颠覆了一个又一个行业，改变了人们的生活。创业需要资本的支持，创业公司在资本的加持下迅速发展壮大。与此同时，很多创投公司通过创业投资公司获得了惊人的回报。我由此产生了做私募的想法，做产业融资和投资人之间的金桥。

高盛集团投资阿里巴巴的故事让我感触颇多。那时，我们知道，高盛亚洲区合伙人林夏如是马云的第一个贵人。一次偶然的机会，林夏如认识了马云，马云非凡的演讲能力引起了她的关注。1999 年，高盛对阿里巴巴投资了 500 万美元，正是这笔钱帮助阿里巴巴渡过了创业初期最艰难的时光。

1999 年到 2001 年，互联网泡沫破灭，高盛对互联网行业产生了怀疑，于是在 2004 年，以买入价七倍的价格卖出了持有的阿里巴巴 50% 的股份。七倍的回报看起来收益颇高，但是如果高盛等到阿里巴巴上市后再卖，收益远不止这些。

关于投资阿里巴巴的故事，还有广为人知的孙正义。据公开数据显示，孙正义掌控的软银集团累计投资阿里巴巴 2.6 亿美元，阿里巴巴上市时，软银持有的阿里巴巴股票价值超过 600 亿美元，软银成为阿里巴巴上市最大的赢家。

创投的概念起源于美国，正是由于创投、风投的兴起，美国才诞生了硅谷的奇迹。没有资本对创新的支持和追逐，就没有今天改变我们生活的新技术、产品和服务。如今，创投在中国的发展也越来越红火，中国出现了红杉资本、复兴集团、高瓴资本等著名公司以及郭广昌、徐小平、张颖等知名投资人。创投在欧美已经兴盛多年，而创投在中国还大有可为。

● 私募基金是一种万能工具

很多人觉得私募基金很神秘，但其实它没有那么神秘。私募基金的本质是一种信托关系，即"受人之托，代人理财"。私募通过不公开发行的方式，向小规模特定投资人募集资金，形成一定资金规模后，再进行投资活动。

私募基金和信托其实是同类的。在中国，信托受中国银保监会监管，私募基金则是由中国证监会私募基金部监管，实行备案制。私募基金由基金管理人管理，按照监管要求，账户由银行托管。有人形象地比喻私募基金为证监会管理下的信托。私募基金比较灵活，可以说是一个万能工具。

私募基金和信托通常都有合格投资人的概念，即投资人的投资金额不得低于 100 万元。私募通过一些新的形式，如伞形基金^①，可以降低投资门槛。私募的多种形式经过不断的组合，演变出千变万化、丰富多彩的投资组合，可能从浮动收益的股权投资，转化为固定收益的投资，转化为债券投资。

---

① 伞形基金：是开放式基金的一种组织结构，又被称为系列基金，基金下有一群投资于不同标的的子基金，各子基金独立进行投资决策。伞形基金的特点是内部可以为投资者提供多种投资选择，各子基金间的转换成本较低。

在美国等西方国家，私募被称为"投资银行"业务。20 世纪 80 年代，私募在中国出现，当时本土 PE（私募股权投资）融资市场是以政府为导向的；到了 20 世纪 90 年代，外资风险投资机构进入，一直发展至今。截至 2019 年，在中国证券投资基金业协会登记的私募基金管理人有 24255 家，管理资产规模达 12.8 万亿元。

我们对私募特别关注，就是因为私募既有规范性，又不失灵活性，而且收益还有充分的想象空间，所以私募成为越来越多的高净值人群的重要投资工具。随着人们财富的积累，大家对私募的认知会越来越深入，未来私募的发展空间还会更大。

除了高净值人群，普通百姓对私募的认知也越来越多，在这个创富的时代，人们已经形成了一定的投资观念。很多人也逐渐明白，通货膨胀是客观存在的，不以我们的意志为转移。因此，有了钱就一定要投资，不然财富就会缩水，私募就成为一个很重要的选择。

● 置上的诞生

我于 2007 年进入置信集团工作，2010 年萌生了做金融的想法。直到 2014 年，置信的内外部环境都发生了一些变化，尤其是某个与政府合作的项目产生了融资需求，这是内因。置信的业主也有投资的需求，置信的理念是"为您想得更多，为您做得更好"，业主的需求就是置信工作的方向，这是外因。

于是在 2014 年，我们终于决定要做金融，在上海成立了上海置上股权投资基金管理有限公司，通过做私募基金，搭建产业与金融的"金桥"，为产业输入血液，为置信的业主、车主提供获得较高收益的投资渠道。

　　与此同时，我们意识到，私募基金对合格投资人的要求变高了，资管新规要求家庭金融资产达到 300 万元以上，这就把很多投资人挡在了门外。如果是机构要参与私募，其净资产就要达到上千万元。

　　因此，在筹备置上的过程中，我们结合投资人的需求，成立了置上金融，开始进入互联网金融领域。

2 私募为何"私"

● 私募保护投资人

私募就是私下募集，不能公开募集。中国证监会颁布的《私募投资基金监督管理暂行办法》第十四条规定："私募基金管理人、私募基金销售机构不得向合格投资者之外的单位和个人募集资金，不得通过报刊、电台、电视、互联网等公众传播媒体或者讲座、报告会、分析会和布告、传单、手机短信、微信、博客和电子邮件等方式，向不特定对象宣传推介。"这里有两点需要重视，一个是合格投资，另一个是不得公开。

合格投资人的观念来源于欧美，核心就是希望投资人拥有丰富的投资经验，并且具备风险识别能力和风险承担能力。在中国投资私募基金，合格投资人的要求是：投资于单只私募基金的金额不低于100万元，且金融资产不低于300万元或者最近三年个人年均收入不低于50万元。

设定合格投资人的目的是保护投资人，因为通常认为达不到这个标准的人的风险承受能力比较差，当私募投资在其总资产里占比太高，甚至是其全部财产时，一旦发生损失，就可能对其产生极其严重的影响，引发一些极端的事情。

但从某个角度来看，我们也要对该规定有一定的反思，私募投资的门槛设置很高，把大量普通投资人限制在外，他们没有机会参与私募投资，这虽然是对低收入人群的一种保护，但也未尝不是一种限制，可能会使"富人越富，穷人越穷"。

不公开募集资金也是为了保护投资人。现实生活中，人们太缺乏投资渠道了，一听到有投资项目就蜂拥而至，这就是出现全民炒股，股民们被"割韭菜"，被"割"了一茬又一茬还是要继续的原因。普通百姓喜欢"炒房"、买房，尽管房地产告别了暴利时代，但人们依然对它情有独钟，这也是因为普通投资人缺乏投资渠道。

除此之外，普通投资人的信息获取成本很高，投资行为的交易成本很高，很难去做信息甄别。

投资是双向选择

现在中国人富裕了，高净值人群很多，虽然有些人很富裕，但是其投资理财专业知识是欠缺的。比如，有些人通过拆迁获得几处房产，他们的资产全都是房产，这不是合理的资产配置方案，不利于分散风险。一旦推出房地产税，这些房产也会让他们产生很大的现金流出。因此，他们就需要做不同的资产配置来丰富自己的投资组合。

关于投资收益，从总体上讲，主要包括三大块：一是资金的时间价值，这是投资的基础收益；二是通货膨胀率；三是风险报酬，因为不管是哪种投资，都有风险，投资人承担了风险，自然应该要求得到回报。

我们可以算一笔账，"投资收益＝资金的时间价值＋通货膨胀率＋风险报酬"，很多投资人仔细一想，便会发现一些传统理财的收益是不划算的。而私募基金相对而言回报更高。

不过，不是每个人都适合参与私募基金。有一对 70 多岁的老夫妻曾是我们的客户，他们在成都有两套房子，老先生是中医、教授，70 多岁依然有不错的收入，老伴也有退休金。但他们投资一只基金几个月后，这位老先生就生病去世了。其老伴料理好家里的事情后，提出继续投资。但此时，她已经不适合再做私募基金投资了。老先生生病治疗已经花费不少钱，家庭流动性资产几乎耗尽，且老先生去世之后，其家庭收入受到了很大影响，家庭的抗风险能力也变得较差。在这种情况下，她只能转而去寻找收益相对低一些但流动性更好的产品来投资。

私募基金对投资人是有选择的，当然投资人同样需要选择私募基金，自己的资金是投信托还是投私募？具体要选择哪一款基金产品？投资人都要通过自己的认识和理解来进行选择。

● 卖者尽责，买者自负

金融是现代经济的核心，经济越发达，私募越活跃。私募基金管理人在中国已经发展得相当成熟了，其投资的核心逻辑就是所有权与投资经营决策权相分离。

私募的核心包含三方：一是投资人，二是融资方，三是基金管理人。整个投资过程始终都伴随着这样一个逻辑，即在每个环节中，各自做出各自的决策，即"卖者尽责，买者自负"。

卖者尽责，就是基金管理人要恪守私募基金的本质，正确认识私募基金在资金来源和使用上的客观规律，要向合格投资者募集资金，坚持组合投资的原则，履行忠实勤勉的义务。具体操作上，就是基金管理人要认真筛选项目，要做完善的尽调及充足的风险控制，从自律、专业的角度出发对投资人负责。

从投资人的角度来说，私募投资者应具备"相应的风险识别能力"以及"风险承担能力"，因为这是一场"卖者尽责，买者自负"的投资实践。投资人要对自己的投资行为负责，要判断自己到底有没有相应的风险承受能力，要想清楚私募的核心逻辑，不管是收益还是损失，最终都是自己来承担。

中国证券投资基金业协会对私募基金有备案的要求，每一只基金都要进行备案。私募股权投资基金自律的关键就是规范和完善登记备案标准，让各类资产的风险和收益得到有效管理，避免风险外溢。① 而投资人在具体选择产品时，除关注产品收益，还要重视风险收益比、长期收益、管理团队历史业绩等，要选择有优秀投研能力、完整的风控体系和尽责审慎态度的团队，不要盲目投资、跟风投资。

---

① 李蕾：《中基协洪磊：私募基金自律管理的逻辑》，https：//baijiahao.baidu.com/s?id=15983215885 09870247&wfr=spider&for=pc。

3 私募基金风险大吗

● 风险，风险，还是风险

如果让我来给投资人讲解私募基金，我希望他们这样理解：风险，风险，还是风险。

很多投资人一开始接触私募基金时，会认为它很神秘，当取得了高额、稳定的回报后，就逐渐失去风险意识。这其实不是正确的投资理念。

从本质上来讲，任何投资都是有风险的，即便是把钱存入银行也有风险。从理论上讲，私募投资的风险就是正常投资的风险，但与其他投资产品有所不同，投资人购买专业私募基金管理公司的产品，通常会面临以下风险：一是信息不透明的风险，私募基金没有严格的信息披露要求，这也正是私募基金可以做到灵活多变的原因；二是风险错配，即投资者抗风险能力不匹配的风险；三是由于基金经理的管理能力较弱、市场行业变化等原因造成的投资者损失。

因此，风险意识是每个投资人都应该自始至终保持的。当投资人选择了基金管理人后，完成了良好的尽调，对管理人产生信任。但同时，这种信任应该是相对的，也就是说不要把所有的结果都寄托在管理人身上，对于自己的投资行为，应该尽可能地去学习、获取相关知识，更是对自己的负责。

选择哪个基金管理人很重要，选择哪只基金更重要。投资人要用心去选择好的私募基金来投资。一是要了解基金管理人的团队、领军人物、从业经验、历史业绩、风控措施等；二是还要看基金的规模，如果规模过大，收益不可能太高，而且也有一定的风险。比如一只全国性或者全球性的基金，有上百亿元的规模是可以的，但如果是地区的基金，做到上百亿元的规模就太大了。

● 私募基金的风险控制

既然风险是金融的一大特点，那么，应如何对私募基金风险进行管理呢？

私募基金管理人要在证券投资基金业协会进行备案，备案需要满足相应的条件。比如对人的要求，规定要求公司的法定代表人、高管、投资经理、风控经理，都要有相关从业资格；对办公场地的要求，要求必须有实体公司经营，要有固定的办公场地；对运营资金的要求，要求实缴注册资本的25%以上，要有至少可以经营半年的运营资金。此外，私募基金管理人的每一只基金都要进行备案。有了这些条件，才能保证基金管理人是在实实在在做基金。

总结为四个字要诀就是"募—投—管—退"。

"募"，就是募资。投资人要确认募资的基金销售人员已取得从业资格。在募资的过程中，无论是签订投资协议还是合伙协议，投资人都要对整个过程进行双录，留下证据。这样可以规范销售人员的行为。

"投"，就是投资。以置上为例，投资人要保证投资项目本身是好项目，还款来源可靠，还要符合国家的产业政策方向；要对项目操盘的团队进行尽调；最核心的就是要让融资方提供担保，如资产抵押、股权质押。

"管"，就是投后管理。投资人完成投资后，要对投资项目进行跟踪管理。如投资房产项目，就要追踪融资方是不是真的拿钱去拍了地，施工进展如何，后续销售情况如何，对整个过程都要关注，并且要记录相关的进度。

"退"，就是投后退出。风险投资、私募股权投资这样的投资，退出的路径就是并购、重组、上市等。

行业的良性发展，对安全而言也是非常重要的。未来，中国私募基金将走向规模化、专业化、长期化和全产业链化的路线。《2019 年国务院政府工作报告》就提出，要改革完善金融支持机制，设立科创板并试点注册制，鼓励发行双创金融债券，支持发展创业投资，提高直接融资，特别是股权融资。中国的创投市场还处于早期阶段，未来还有很大的发展空间。我相信，结合"产业＋互联网"，私募会有更好的未来。

● 投资人要做好投资预期

私募基金有投资风险，流动性也比公募基金差一些。很多投资人关心"我的投资什么时候能够收回"这个问题。这是一件存在悖论的事情。投资人投私募基金，看重的正是它的高收益，而金融的本质之一就是资金的时间价值。如果投资人随时都能把资金收回，那么资金的时间价值要如何体现呢？如果投资人不能随时把资金收回，投资人又会很担心。

因此，私募基金也有一些机制上的规定，让投资人可以中途退出。开放式基金和部分封闭式基金，都会提供一定的流动性支持，即可以转让。如果投资人想收回自己的投资，可以将其转让给别人，让别人来承接，这就实现了一定的流动性。

目前，私募基金普遍的起点是三年，还有很多是五年、七年。投资人在投资前，需要评估这笔钱是不是三年、五年都不会动，同时也要根据家庭的资产配置来决定投资的额度。做好了资产配置的组合，投资人才能做到心里不慌。

做长远投资的钱，无论拿来投私募还是去炒股票，都必须是三年、五年不动的钱。但实际投资中，我们看到，很多投资人没有认清资金的预期存放时间，做了长期受益的资产配置，中途又要提前中断投资，产生损失。而另一部分人，用稳定、长期的资金去抵抗风险，往往能够挣到更多的钱。

4 关注产业地产基金

● **什么是产业地产**

传统的地产就是商品房。从我国提出"房子是用来住的、不是用来炒的""不将房地产作为短期刺激经济的手段"两个原则之后，纯粹的住宅项目就不符合国家的产业发展方向了。

传统的地产与产业地产是不一样的。所谓产业地产，就是以产业为依托，地产为载体，以此来实现土地的整体开发与运营。产业地产大多以写字楼、高层办公楼、标准化厂房、中试研发楼等为开发对象，还涉及融资、开发、服务、招商、产业培育、税收、GDP 等众多因素，并结合我国新型城镇化建设的总体思路，将"地产、产业、城市"三者进行了有机结合。产业地产的主要客户是企业和政府，投资决策更理性，对产品的要求更严格，因此，相较于住宅地产和商业地产，产业地产的进入门槛更高，开发难度更大。在当前，我国主要有 4 种产业地产投资运作模式：以产业物业开发租售为主的地产开发商模式、以双轮驱动为主的产业投资商模式、以 PPP（公共私营合作制）为主的产业新城开发商模式、以基金运作为主的基金投资商模式。所以，从 2017 年年底开始，中国的房地产企业纷纷转型，要么逐步走向多元化，强调品牌的综合服务，增加物业运营；要么就是转型产业地产，通过文旅、科技、医养、产城融合等多方面调整战略布局。

置上股权源起于置信集团，置信集团最早也是做产业地产的。因此，以产业为依托的产业地产符合国家产业发展方向，政府为了调整产业结构、发展创新经济和战略性新兴产业等目标，会支持产业地产项目。不像现在的住宅类地产，总是会遇到限价、限购等问题，影响销售和回款。

传统住宅项目和产业地产也有此消彼长的关系，供地就是其中的关键点。我们总是觉得现在的城市很大，地很多，但其实土地资源是非常有限的。在城市里，工业、住宅要用地，交通要用地，很多人想不到，在城市总用地里道路交通要占 25% 左右；还有道路绿化、园区绿化、基础设施建设也要用地，所以最后能用来建房子的地其实是不多的。

像道路、绿化这些公共设施用地，很难计算产值，但产业地产能够计算产值，它对地区经济的提升效果是实实在在的。

私募基金与产业地产的结合

产业地产基金，就是以产业地产为核心，再结合符合国家发展方向的项目，如文化旅游、医疗健康、信息技术来进行投资。为什么要选择这些行业呢？

文化旅游产业是国家优先发展的"绿色朝阳产业"，是国家大力扶持的。随着中国人收入的增长，文化旅游方面的消费需求增长也很迅速。2020 年的"十一"黄金周，全国各景区接待国内游客超过 6 亿人次，旅游收入超过 4600 亿元。未来，文化旅游这个产业还有巨大的发展空间。

医疗健康产业的发展空间更大，因为中国的医疗资源基础还很薄弱，人均占有的医疗资源很少，现在又伴随着老龄化社会的到来，老百姓对医疗健康这个行业的需求将越来越旺盛。根据世界银行的数据，2015 年，美国医疗卫生的总支出占了 GDP 的 17.1%，而中国医疗卫生的支出只占 GDP 的 5.5%，从这个差距来看，中国的医疗健康产业还有巨大的潜力，养老地产就是未来一个重要的发展方向。

现在很多地产集团，旗下都有属于自己的产业地产，某集团旗下就有一个健康旅居的产业基金，它把旅居和分时分权度假酒店结合起来，盘活了景区的旅游地产项目，解决了地方政府去库存的难题，项目成功销售，投资人获得利益，项目运转起来还能获得持续的收益。

● 分区域投资分散风险，长期投资穿越周期

在产业地产这个大池子里，要通过对不同区域进行投资来分散风险。

房地产的核心就是位置，不管是产业地产还是住宅地产，在不同的地方投资就会产生不同的结果。哪怕是同一个行业、同样的住宅，在不同的区域，它的价值也有天壤之别。所以除了选行业，投资也要选区域，也就是分散风险。

房地产的资金使用周期一般比较长，从募集资金到建造房屋再到销售，需要很长的时间。私募基金的投资周期也比较长，基本上都是三年起投。投资周期长，确实有流动性较差这个劣势，但是我们同时也要知道，长期的投资抗波动能力更强，当短期投资还在市场的不停波动中起起伏伏的时候，长期投资可能会穿越周期，帮助投资人守护住财富。

第五章

当你买保险的时候，
你买的是什么

随着财富的增长、市场经济的确立，我们的生命健康也需要市场机制来保障。每个人都接触或者听说过因病致贫的例子，保险是一个不能回避的问题。近几年，人们对保险的认知和需求有了翻天覆地的变化。既然保险对获得平稳、幸福的生活至关重要，你为自己和家人配置保险了吗？传统商业保险都有哪些'坑'？保险应该怎么买才能达到'花小钱、办大事'的效果？

1 你了解保险吗

人们为什么不买保险

在日常生活中，很多人一提到保险第一反应就是贵、不划算，因此选择不买。人们不买保险是完全因为缺乏保险意识吗？其实并非如此，很多人不买保险是因为传统商业保险存在很多问题，如购买保险不划算，赔付不到位，承诺的赔保事项存在诸多限制等。

为什么人们认为购买传统商业保险不划算？

大多数商业保险公司都是股份制公司，它们的首要任务是为股东谋利益。根据 A 股上市 5 大险企年度报告，2018 年中国平安归母公司净利润为 1074.04 亿元，中国太保净利润为 180.19 亿元，中国人保净利润为 134.5 亿元，中国人寿净利润为 113.95 亿元，新华保险净利润为 79.22 亿元。[①] 保险公司实现了这么高的利润，履行了对股东的责任，但不由地让人产生疑问：保险公司高额利润背后的商业逻辑符合投保人的利益吗？

传统商业保险存在过度使用的问题，例如车险，很多只需要几十元、几百

---

① 佟亚云：《保险高管薪酬排行榜：平安 6 高管年薪超 500 万，联席 CEO 领 840 万》，https://www.sohu.com/a/305702040_165451。

元就能修好的小问题，通过某些 4S 店^①与保险公司工作人员的定损，最后可能要花费几千元，这就抬高了保险的成本。

此外，保险公司的人工成本、用于支付销售渠道的佣金和公司经营管理等费用很高，投保人的钱势必要承担这部分成本。曾经有人分析过重疾险等保险的成本费用构成，结果令人大吃一惊，佣金超高，保险公司销售一份长期险种，保险代理人可获得的佣金为保费的 60% ~ 80%，个别产品甚至会高达 90%^②。我们曾接触过一家香港的保险代理公司，它代理全球 13 家顶级保险公司的保险，某款产品返佣金达到了投保额 110% 的程度，即第一年返保额的 70%，第二年返 20%，第三年返 20%。

根据 2018 年中国保险代理人官方统计数字，中国个人保险代理人达到 871 万人。如此庞大的保险代理队伍背后是高额的佣金。那么，我们不禁要问：传统商业保险的运行机制中，这项成本由哪里来？符合投保人的利益吗？

保险公司的广告营销费用也是一个惊人的数字。靠人海战术打拼市场的保险公司，线下保险代理人制度的运营成本和销售成本非常高。有数据显示，10 元的保费，仅营销成本就要至少 3 元，这样的营销费用支出最终也会由投保人承担。

保险是一种金融工具，无论是为了转移风险还是投资，都是资产配置中非常重要的一环，保险需要根据每个家庭和个人的实际情况来进行合理选择和规划，是一件非常专业的事情。但中国的绝大多数保险代理人都是一般的销售人员，

---

① 4S 店是一种以"四位一体"为核心的汽车特许经营模式，包括整车销售（sale）、零配件（spare part）、售后服务（service）、信息反馈（survey）等。

② 值得信任咨询：《你拿了我 90% 的佣金，为何却不能兑现服务一辈子的承诺？》，https://www.sohu.com/a/292531885_100161145。

不具备足够的专业知识，不能根据投保人不同的情况和需求提供有效的建议，有时会推销保险返佣高的产品，这就导致了很多投保人购买并不适合自己的保险产品。

● 万能险是万能的吗

我们来看看，投保人都被推销了什么样的保险。

截至 2016 年年末，中国保险业中占比最多的是人寿险和投资型保险产品，而健康险占比极少。如果说保险最大的作用是提供保障，那健康险的占比实在是太低了。

中国保险业卖得最多的就是以投资为主的寿险产品，即所谓的万能险。中国人普遍不爱听"死亡""生病"这种话，使得寿险和健康险的推广受到限制。2000 年左右，万能险被引入中国，才使得保险业务快速增长。

万能险其实是以保值为主、兼顾升值的投资品，类似于有保底的理财产品，它其实只包含了一定的保险功能。万能险是比传统寿险更粗糙的产品，万能险之所以成功，是因为它被当作一种投资理财的产品，同时也淡化了寿险跟"死亡"有关的属性，毕竟"万能"听起来好多了。很多人想当然地认为万能险很好，觉得在发生意外或患疾病甚至死亡时可以得到赔偿；如果没有出险，未来还能收回保费，总体上不吃亏。但如果你真的理解保险应该具备的功能，你就会发现，所谓的万能险其实不是万能的。

在保障层面，万能险最大的问题就在于每个保障项目，如重疾、医疗、意外、身故等这些基础保障的保额都很低，当发生出险理赔的时候，你就会发现这点保额形同鸡肋，解决不了实际问题。

而到期返本金这个层面，就形同储蓄的替代品，但与银行存款有所不同，银行存款想取就能取，想存就能存。而保险不能断供，退出也要承受损失，并且到期返还的金额一定要等到规定的年限才能取出，灵活性几乎为零。

保障额度不足，理财收益极低，还不灵活，你以为的里外不吃亏的万能险，其实是里外都吃亏了。

● 保险越贵越好吗

如果保险公司在设计产品时不提供性价比高的产品，投保人花再多的心思，也没办法避免商业保险里的"坑"。

买东西我们相信"一分钱一分货"，但在保险上不是保费越高越好。中国传统商业保险主流产品存在捆绑销售的问题，即"分红型主险＋重疾附加险"或者"寿险主险＋重疾附加险"。这就意味着，你交的保费只有一部分用于疾病的保障，还有很大一部分用在了理财上面。

举个例子来看，如果你用 4000 元 / 年左右的保费购买了"分红型主险＋重疾附加险"这类保险，可能重疾的保额还不足 10 万元，疾病真正来临的时候，你就会发现 10 万元保额严重不足。而如果是投保单独的重疾险，保终身或者保到 70 岁以上，可以获得 50 万元的保额。如果选择一年期的定期重疾险，50 万元保额只要几百元保费。捆绑销售型保险要获得 50 万元保额，保费动辄就是一两万元，这是一般家庭难以承受的。花了很多钱，却在最需要的重疾保障上保额不足，这是其中一个"坑"。

保险公司推销的子女教育储蓄金，我们也应该理性对待。拿比较常见的保险举例，假设父母在孩子 0 ～ 9 岁，每年支付 2.5 万元保险金，回报是：在孩子高中阶段，每年返还 2 万元，连续 3 年，合计 6 万元；在孩子大学阶段，每年返还 4 万元，连续 4 年，合计 16 万元；在孩子 25 岁时，一次性返还 10 万元作为其步入社会的启动资金。

乍一看，似乎是在给孩子储备教育金，但如果你明白复利，通过简单的计算便知，这项保险的年报酬率仅为 1.7% 左右，1.7% 的收益无论是买理财产品还是存定期，都可以轻松达到。作为非必要保障，如果中途退保还会损失很多本金，这也是其中的另一个"坑"。

保险当然可以起到理财的作用，但中国的大部分商业保险的收益非常低，通常只有 2% ～ 3% 的年化收益率，起不到对抗通货膨胀的作用。

归根结底，既想获得大额保障又有较好的投资回报，投保金额将是非常高的，是有钱人的游戏。对于普通人而言，可以投入的保费并不高，只能让自己在获得保障和投资收益两个方面都大打折扣，得不偿失。

认清保险的保障与理财功能之后，你对商业保险会有更清晰的认识：保险不在于贵，而在于适合自己。

保险的本质是保障，普通人应该把保险当作一个消费品，用最低的保费撬动尽可能高的保障，这才是更好的选择，而不是盲目追求所谓的高保费。毕竟，适合自己的才是最好的。

2 保险的本质

● **保险的诞生与发展**

许多欧美家庭都会购买保险，否则当遭遇重疾、意外等情况时，普通人没有保险就几乎无法应对这些危机。在中国，保险的普及程度远远低于欧美国家，传统的观点认为是中国人保险意识不强，但最近几年，保险越来越成为普通人关心的话题，保险代理也成了一个热门的职业。可见，其实并不是中国人保险意识不强，而是以前中国人还不富裕，摆在眼前的还是吃饱穿暖的问题，就算有保险意识和真实的保险需求，也没有买保险的能力。现在中国人有钱了，解决了基本生活需求之后，购买保险就逐渐提上了议程。

从根本上来讲，越没钱，越不具备风险抵抗能力的人才越需要保险。绝大多数穷人甚至中产家庭陷入资产危机的原因就是没有保险，一场大病就能拖垮一个家庭。

最早的保险，可以追溯到公元前 2500 年前后，古巴比伦王国国王命令僧侣、法官、村长等收取税款，作为救济火灾的资金。古埃及的石匠成立了丧葬互助组织，用交付会费的方式解决收殓安葬的资金问题。古罗马帝国时代的士兵组织，以集资的形式为阵亡将士的遗属提供生活费，逐渐形成了保险制度。[①]大约在公元前 1792 年，古巴比伦《汉穆拉比法典》中，出现了共同分摊补偿损失的条款。

现代保险起源于 16—17 世纪。1666 年 9 月，英国伦敦发生大火灾，一半城市被烧成灰烬，20 万人无家可归。这次大火的教训，使得保险的思想深入人心。1677 年，牙科医生尼古拉·巴蓬在伦敦开办个人保险公司，经营房屋火灾保险，这就是第一家专营房屋火灾保险的保险公司。

早期保险都采用互助的形式，即每一位会员支付一定的费用，这样一来，个人面对的风险就变成集体共同承担。由于集体中所有人都遇上突发情况的可能性很低，由互助会员聚集而来的资金就可以应对个体突发情况的需要。

保险从萌芽时期的互助形式逐渐发展到海上保险、火灾保险、人寿保险和其他保险，并逐渐形成现代保险业。现代保险公司的制度越发复杂，保险也从传统的互助演变出了多种形式，现代保险甚至还成了一种投资理财的工具。

中国的现代保险最早出现在广州，当时由于对外资开放，于是成立了面向外贸商人的“广州保险社”，为外商提供保险服务。

目前，中国的保险体系分为社会保险和商业保险两类。近几年，由于大型互联网公司的推动，出现了很多网络保险和网络互助，客观上促进了人们保险意识的觉醒，也在一定程度上降低了人们投保的成本。

● 为什么要买保险

保险，实际上就是分摊风险，通过缴纳一定的费用，将个体潜在的风险向

---

① 陈梦琳：《保险的起源》，https://zhuanlan.zhihu.com/p/70734757。

实体集合转嫁。通俗地讲，就是"一人有难，大家平摊"，并且是以货币的形式平摊和转嫁风险。

保险行业在中国出现得非常晚，发展也很缓慢，原因大概有两个：一是中国传统的儒家礼教社会遵循老有所依的原则，其风险承担和养老等问题，通过孝文化的作用在家族内部成员间实现经济利益交换，以此作为不确定风险的对冲；二是买卖保险难免要谈论不幸，中国人往往比较排斥"如果你生病了""如果你去世了""如果你家房子着火了"这类"不吉利"的言论，这就让保险在中国的普及变得比较困难。

有数据显示，70%以上的美国人都有一份商业医疗保险；日本平均每个国民有1.73张人寿和年金保险保单；中国台湾每个人有2.34张保单[①]；而中国大陆人均保单还不到1张，与其他国家或地区还有很大的差距。

很多中国人面对商业保险时会问："为什么要买保险？如果保险最后没有用上，我是不是吃亏了？"

现实是，我们不能保证自己的一生都不遇到疾病、灾难等风险，这些事一旦发生，给我们的人生带来的破坏是巨大的。《2018年全球癌症统计数据》显示，2018年，全球约有1810万癌症新发病例，960万癌症死亡病例。

因此，我们可以说，**投保没有用上的风险是一种"虚风险"，这也是经济学家陈志武所称的"好风险"。** 人人都期盼风险不要发生。而患重病的风险，就是实实在在的"实风险"，一旦发生，如果没有保险，我们几乎不可能独自承担其后果。

二者是互斥的，不可能同时发生。保险就是通过投保的手段，让它们形成负

---

① 姜鑫：《国研中心朱俊生：中国寿险的下半场刚刚开始》，http：//www.eeo.com.cn/2019/0701/360070.shtml。

相关。通过这样的方式，实现我们整体风险趋近于零的目标，尽可能地用我们容易承受的"虚风险"背后的小代价来对抗我们难以承受的"实风险"背后巨大的代价。这就是保险的意义，是我们购买保险最终想要实现的目标。

● 保险的核心是互助

在我看来，保险的核心就是互助。买保险从某种意义上讲就是签订了互助契约，用最小的代价（保险费）获得最多的互助金（保险金）。有的人可能一辈子都不会使用保险，但也有人因为生病而倾家荡产。我们经常可以听到有人得了重病，把房子、财产变卖掉去治病，结果最后人去世了，还欠了不少外债的案例。很多人只有在发生不幸的时候才意识到保险的作用。

现实生活中很少有人是因为大吃大喝变穷的，很多有钱人变穷的最大原因是投资失败或疾病带来的巨额支出。因此，**购买保险是互助，更是自助。保险是没有丝毫感情负担的互帮互助，因为它并不是来自特定人的援助和救济，而是来自自己投入的保费的回报。从某种意义上说，购买保险是一种提前的自救行为。**

保险在很长一段时间都是以互助的形式存在的，人们成立"相互保险公司"来对保险的业务进行管理。世界上第一家"相互保险公司"出现在美国，是由本杰明·富兰克林在费城创立的费城房屋火灾保险互助会。相互保险公司不发行股票，而是以保户互助的模式，将保户缴纳的钱聚集起来，并进行一定的管理，由于没有为股东谋求短期利润的压力，所以可以专心经营企业，并将获利分红给保户或者增加企业资产。后来，随着商业和金融的发展，部分保险公司为了寻求资金的稳定而"股份化"，成为"股份制"企业，同时也就有了为股东谋利的经营目标。

2015 年，中国开始了相互保险的探索。国际合作和相互保险联盟（ICMIF）

统计数据显示，截至 2017 年年末，全球相互保险收入达 1.3 万亿美元，占全球保险市场总份额的 27.1%，覆盖 9.2 亿人。在发达国家，相互保险是保险市场上的主流组织形式之一，而中国相互保险的占比仅为 0.2%，还处于刚刚起步的阶段。**中国的商业保险，互助保险的成分不高，更像是一种理财工具，但又无法兼顾保障与收益。**

中国传统的商业保险没有给保户提供有性价比的保障，更多起到的是理财而不是保障的作用。我认为保险的本质是保障，是要雪中送炭，而理财是锦上添花。传统商业保险公司需要转型，提供更多保障型的产品，相互保险也需要在中国得到更好的推广和发展。

买保险就是对自己的未来做风险控制，是资产配置的一部分。**我们在为自己配置保险时，应该更多地回归其保障的本质，用保险去追求保障，用投资去追求收益；让保险的归保险，让理财的归理财。**为自己购买一份可靠的保障，实现风险防范和自助互助的目的。

3 相互保险的实践

● **互助组织的涌现**

"互助"是保险最初的形式，也是现存的相互保险运行的机制。在发达国家，相互保险已经有多年的历史。但中国的相互保险还在探索期，大多数平台都在以网络互助的形式进行尝试。

在中国，康爱公社（原名抗癌公社）是最早开始做大病互助医疗的组织。到 2019 年，已经拥有成员 300 多万人。

2014 年，在美国上市的泛华企业集团下属的 e 互助平台正式成立，它以互助的方式，针对癌症、身故等高风险事件提供保障。e 互助成立的初衷是源自泛华内部的切身经历。2010 年至 2014 年 5 月，泛华员工及家属出现癌症或意外死亡事例达到了 171 例，其中癌症就高达 90 例。尽管公司内部也设立了爱心基金，但还是杯水车薪，难以从根本上解决问题。后来，泛华内部的员工成了 e 互助平台最初的成员。平台成立仅半年，就有了超过 20 万名成员。

很多人都知道的"水滴筹"也推出了水滴互助平台，预充值一定费用，就可以加入社群，共同抵御癌症和意外等风险。截至 2019 年 6 月，水滴互助拥有超过 7000 万名会员。

相互保险真正引起社会的广泛关注，还是在 2018 年 10 月 16 日，支付宝推出了一款相互保险产品:"相互保"。芝麻分 650 分及以上、年龄 60 岁以下的人无须交费就能加入,覆盖 99 种重疾、恶性肿瘤、特定罕见病,如果患病,最高能获得 30 万元保障。产品采用后收费模式,即发生理赔事件时才向会员收费。

由于支付宝有广泛的受众和已经建立的良好信誉,这个产品快速吸纳几千万人参与。然而,就在 2018 年 11 月 27 日,"相互保"合作运营方信美相互发布公告称,监管部门指出其推出的"相互保"涉嫌存在未按照规定使用经备案的保险条款和费率、销售过程中存在误导性宣传、信息披露不充分等问题。根据监管部门的要求,停止销售"相互保"保险产品。此后,信美相互退出了"相互保","相互保"改名为"相互宝",从一款保险产品转型为一个网络互助项目继续运行。即便经历了这样的变动,"相互宝"依然把相互保险的理念带入更多人心中,截至 2019 年年底,已经有超过 1 亿人加入了"相互宝"。

● 相互保险需要有所突破

截至 2019 年年底,"相互宝"参与人数已经超过了 1 亿人,这充分证明了相互保险这个模式的魅力。

在我看来,"相互宝"无疑是具有历史意义的尝试,互联网巨头的优势不在于产品,而在于其数据驱动能力和社交引流能力。有支付宝这样的大型平台来推动相互保险的发展,意义是非常重大的。

未来,"相互宝"或许可以复制"余额宝"的路径,通过实践来推动政策的改变。在中国改革开放的过程中,这样的革新从来都没有停止过。**未来,一旦"相互宝"等互助平台能够申请相互保险牌照,就一定会给传统的保险公司带来巨大压力,可以促使商业保险进行价格调整,也可能就此打破传统商业保险的垄断,取得保险行业更大的变革,为投保人提供更多的选择和更好的服务。**

相互保险覆盖低收入人群，让各个阶层的人各取所需，让社会的整体效益最大化。

当然，相互保险也有自己的局限，因为无法通过上市等手段筹集更多的资金，相互保险公司的发展受到了很大的制约。但随着互联网技术的发展，人们可以用很低的成本实现连接，这就给相互保险的发展提供了有利的条件。

互联网技术的发展将把保险行业带入"智能时代"。技术的发展将使保险的实时风险的可见和响应成为现实，保险公司可以通过数据驱动的经营模式，通过对大数据的掌握和使用，快速识别和精准测量风险，还可以通过人工智能、机器学习和分析技术的提升，实时测评风险和定价，从而带来保费折扣、定制化预防服务的提升。通过数字化销售手段，运用大数据重新定义投保人，将收购成本和服务单位成本降至最低，并根据投保人的购物习惯、旅行习惯，自定义最适合投保人的保险产品，实现对保险服务的重新定义。

区块链技术作为可能颠覆互联网技术的新技术、新趋势，保险是其理想的落地领域。全球范围内已经有保险巨头和网络公司开始使用区块链技术来防范保险欺诈、追踪医疗记录。通过区块链技术，保险在风控、运营、再保险等方面都将有全新的突破，让投保人享受到更多的优惠与便利。

互联网技术的应用也会使相互保险这一最本源的保险形态重回大众的视野，焕发新生。中国的互助项目发端于网络，通过互联网的广泛连接，只需很低的成本就赢得了大量的会员，这让我们看到了相互保险未来更大的发展前景。

另外，除了通过网络吸纳大量会员，依靠巨大的会员基数摊低成本以外，相互保险的另一个发展方向是小型的互助社。美国的相互保险就多以这样的形式存在，就像我们现在推崇的"小而美"的形式，小规模的互助社可以更精准地定位有相同需求的人群，提供更有针对性的保险产品，更贴近投保人的实际需求，这也一样有巨大的价值。

4 打造多层次保险机制

● 保险应该怎么买

一个比较完善的家庭资产配置，应该是由稳定收入、合理支出、适当储蓄、部分投资和保险兜底组成的。配置保险对一个家庭来讲非常有必要。一个普通家庭每年大概要花多少钱在保险上？在保险行业内，有两种广为流传的说法：一个是"双十法则"，是说一个家庭的保险花费应该占家庭收入的10%，保险额度应该覆盖家庭10年的支出需求；另一个是"标准普尔家庭资产象限图"，它将家庭资产分为四个账户，其中，10%属于"要花的钱"，20%属于"保命的钱"，30%属于"生钱的钱"，40%属于"保值升值的钱"[①]，而"保命的钱"主要就是保险支出，要占到家庭资产的20%。你可以根据这些理论，看看自己投入多少资金到保险里是合理的。

保险还有一个核心是杠杆，即用最少的保费，获得最高额的保障。所以，让保障杠杆最大化，才是最优的保险方案。一份保险，保费越低，保额越高，杠杆自然越高；保费能分30年缴，就不要20年缴完，因为分到每一期的保费越少，

---

① 邢力：《最聪明的人每年花多少钱买保险？》，http://www.myzaker.com/article/581ee0657f780b6d7f003a80/。

杠杆自然就越高，再考虑到通胀因素就更划算了。

　　保险的配置应当有相应的先后顺序，要先满足基本的保障再追求更全面的保障。正如图 10 所示，我们应该先保证自己享有基本的社保，享受到国家提供的兜底保障；其次为自己配置除社保以外的保险；然后在配置保险的时候，要多考虑为家庭创造收入成员的保障，当家中的"顶梁柱"遭遇意外或者患重病时，有足够的保险赔偿可以让家庭正常运转；有条件的家庭，在此基础上可以为家中的老人和孩子配置保险；最后就是为家中的一些重要财产配置相应的保险。

图 10　保险的配置顺序

● 为自己打造多层次保险机制

　　保险要在关键时刻起到作用，一方面是要尽量兼顾到各种可能发生的情况；

另一方面是保额要充足，要能真正解决问题。要解决这两个问题，可以通过建立多层次的保险机制来实现（见图11）。

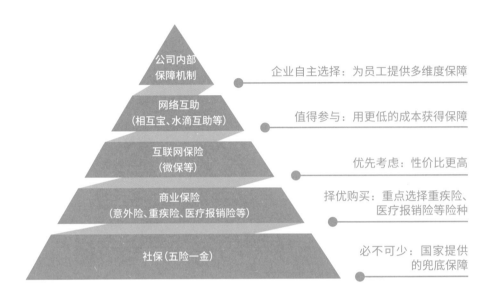

图11　多层次的保险机制

第一层级就是必不可少的社保。这是国家提供的基础保障。

但是社保不能解决我们的全部问题。医保虽然覆盖范围广，但它的报销限制特别多，很多药品、治疗手段不在报销范围内，遇到一些重症、难症，个人自费部分依然很高。无论是从支持国家的角度还是保障自身的角度，社保对于每个人来说，都是必不可少的，但只有社保是远远不够的。

第二层级就是商业保险。如果资金充裕，要购买一定的商业保险，比如意外险。在中国，意外险是性价比最高的商业保险之一。商业保险中的重疾险、医疗报销险，作为社保的补充也是不错的选择。

第三层级就是互联网保险。大型互联网公司代理的保险在触达用户、风险识别、网上支付方面都有优势，保险公司的精算、承保、核赔等过程也全部在线上进行，大大降低了交易成本，所以保费比线下购买便宜很多。

第四层级就是网络互助。如支付宝的"相互宝"。网络互助的成本更低，"相互宝"一个月只需要几元，就能获得最高 30 万元的保障。如果可以，我们应该多加入几个平台，一方面杠杆的作用更大，另一方面也可以分散风险，就算一个平台不运营了，别的平台也可以继续提供服务。不过，要注意选择一些头部平台。

第五层级就是公司内部保障机制。有些公司已经建立了内部小范围的互助机制，员工在自愿的基础上每个月缴纳一定数额的资金，通常金额设定都比较低，一旦有员工发生重疾，意外等情况，就可以用来帮助其渡过难关。

社保与公司内部的保障，与我们的经济环境、工作条件有关，往往不完全由我们自己来决定。但其他方面的保险，我们可以通过资产配置为自己打造多层次的保险机制。

第六章
房地产还值得投资吗

> 在过去 20 年里,国内许多城市的住宅价格都有了较大幅度的增长。针对近年来部分地区房价过高、涨幅过大等问题,国家对房地产的调控政策日益收紧,多地房价增速明显下滑。那么在未来,房地产还值得投资吗?投资的原则是什么?由此还衍生出了许多别的问题:对很多普通家庭来讲,钱少如何参与房地产投资?房地产如何跟旅居相结合?养老房地产如何赢得未来?

1 房地产的价值

● 投资，绕不开房地产

我们的生活都离不开一个家，自然也就离不开房地产。我们的人生就是一个漫长的投资过程，而做投资绕不开房地产，房地产是资产配置的重要一环，在中国更是如此。回顾近30年，尤其是近20年来中国城市家庭的资产变化，有没有房、有几套房，成了中国人财富的分水岭。随着房价的快速上涨，一部分中国人的资产价值获得了超过收入水平的增长。在许多年轻人感叹房价已经成为"生命中难以承受之重"时，有许多人也在享受着资产膨胀的红利。

买房造就了中国较早的一批富人，他们实实在在享受了中国经济发展，尤其是大城市经济发展的红利。只要买房买得早，持有房产多，就可能成为有钱人。

在他们变得富有的过程中，唱衰中国房市的声音从来没有停歇过。"中国楼市拐点已到""中国房市已经见顶"的声音，隔一段时间就会出现，可中国的房市似乎从来没有让投资人失望过。

2005年购房的经历，让我深刻体会到了房价上涨对家庭资产的冲击。

这些年，我目睹了中国房价的上涨之路，中国的楼市现实地演绎了什么叫"时间就是金钱"。

这些年，我也看到很多人在房价比较低的时候，对买房不屑一顾，认为不能从中赚钱，反而一窝蜂地去炒股，结果 2015 年股市暴跌，不仅收益全无，而且连本金都有严重损失，买房的钱也赔进去了。

● 房地产——抗波动的资产

相比其他资产，房地产的抗波动能力是最强的。要做投资，只要有条件就要考虑买房。这不仅是通过中国近几十年房价上涨得出的经验，欧美房地产 100 多年来的数据也证实了这一点。

2013 年诺贝尔经济学奖得主、美国耶鲁大学教授、经济学家罗伯特·席勒提出的 Case-Shiller 住房价格指数[①]，分析了自 1890 年起的美国房价。数据显示，在过去的 120 多年里，美国房价平均内生（几何）增长率为 3.07%；而在同样的 120 多年中，美国 CPI 通胀率为 2.82%。房价整体上涨水平超过了通货膨胀。[②]

在这 120 多年里，美国房价下跌的年头只有 28 年，其余年份均为上涨。跌幅最大的两次，一次发生在 1929—1933 年的大萧条时代，累计跌幅 26%；另一次发生在 2007—2011 年的次贷危机时代，累计跌幅 33%。但在这样的特殊时期，其他资产跌得更惨。在大萧条期间，美国股指从最高点 363 点跌至 40.56 点，最大跌幅超过 90%；在 2008 年次贷危机期间，道琼斯指数从顶点的 14198 点一路跌到 6469 点，跌幅达到了 54%。

发达国家 100 多年来房价持续上涨，尤其是第二次世界大战后，房价迅速

---

① Case-Shiller 住房价格指数是由标准普尔采用重复销售定价技术计算发布的房价指数，该指数用于衡量美国住房价格的变化。

② 陈龙：《美国 120 年来房价的历史和规律》，https：//www.sohu.com/a/239918347_250785。

上涨，原因是什么呢？有两个方面的原因：一是第二次世界大战后世界各国经济增长速度更快了，1945 年到 1970 年是资本主义国家历史上的黄金时代，经济保持了多年的快速增长，积累了大量的财富，这些财富都要寻找投资标的，房地产自然受到青睐。二是大环境的和平稳定，第二次世界大战后是人类历史上少有的和平时期，绝大多数国家都没有发生战乱。这意味着人们的房产不会受到破坏，成了安全资产，受到人们的追捧。

房价增速有一个经典公式：“房价增速 = 经济增速 + 通胀速度 + 城镇化速度”。如图 12 所示，我们可以看到，全世界 14 个主要发达国家的房价年均上涨 6.6%，经济增速是 2.5%，通胀速度是 4.3%，经济增速加上通胀速度是 6.8%，与房价增速 6.6% 相差不多。这个数据没有考虑公式中的城镇化速度，是因为这些国家本来城镇化程度就比较高，城镇化速度可以忽略不计。

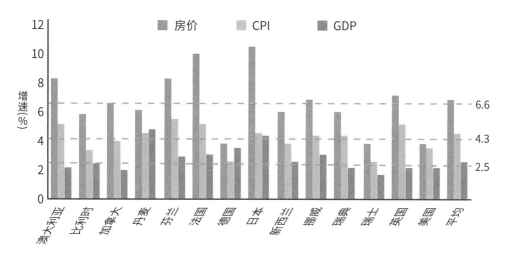

图 12　全世界 14 个主要发达国家的房价、CPI 和 GDP 增速（1946—2012 年）

这个公式解释了发达国家房价上涨的因素组成，同样也可以用来解释中国的房价上涨。长期来看，房地产不仅跑赢了通胀，并且价格波动幅度小，更易于保值。

● 中国房地产值得投资吗

一般说到抗通胀，很多人下意识地就会想到黄金，但现在的黄金已经不能起到抗通胀的作用了。100年前的北京，5两黄金就能买一个四合院。但5两黄金放到现在就值几万元，而当年价值5两黄金的一个四合院，现在价值几千万元甚至上亿元。

从全球来看，金价也比通货膨胀上涨缓慢。金价在1980年1月20日创下历史高位，从这时起到1988年年底的近10年里，美国的通胀率升幅高达90%，连日本的通胀也达到了20%，但是同期美元金价下跌了52%，日元金价更是下跌了75%。黄金可以对抗通胀已经成为"金本位"时代的童话，在布雷顿森林体系瓦解之后，黄金就失去了抵抗通胀的效用。

中国的经济有一个特点，M2比CPI更能准确地计量实际上的通货膨胀。2005年到2015年，中国M2增长了近4倍，年均增速达到16.2%，远高于同期名义GDP平均增速12.99%。本来，货币投放过度、货币存量过大会导致剧烈的通货膨胀。然而，2005年到2015年，中国并未发生严重的通货膨胀，老百姓的日常消费品价格上涨并没有那么明显，CPI维持在3%左右。其中原因有两个：一是这些年中国制造业加速扩张，吸纳了大量货币；二是房地产作为超发货币的蓄水池，吸纳了海量的货币。这就是中国的房价总是与M2正相关的根本原因，也是中国房价整体跑赢CPI的原因。[①]

---

① 董登新：《房价涨跌只看M2而非其他》，http://opinion.jrj.com.cn/2017/02/17073622071298.shtml。

从图 13 中我们可以看到，自 2015 年以来，中国的房价走势一直是上涨的，即便在 2016 年调控房地产以后，房价走势依然是上升的。其中，一线城市调控政策比较严厉，走势平一点，但房价没有下降；二、三线城市调控相对较松，房价依旧上涨。

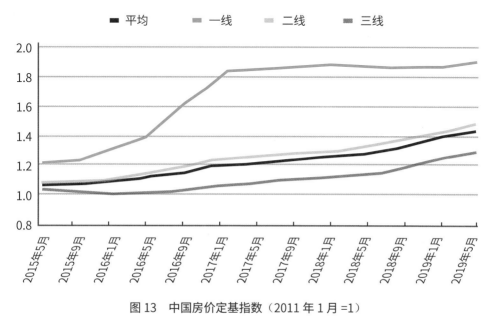

图 13　中国房价定基指数（2011 年 1 月 =1）

资料来源：国家统计局 70 个大中城市新建商品住宅销售价格变动情况统计数据。

现在有很多人认为中国房地产形成了一个泡沫，有很大的风险，这是因为他们没有意识到房子是安全资产。尤其是很多大中城市的房子，是城市资源的一部分，负载着学校、医院、道路、绿化等公共资源、公共服务，除了可以用来居住，还有很多附加价值。

中国这些年来的房价走势符合全世界房价上涨的一般规律。无论是发达国家还是其他发展中国家，在经济高速发展的和平年代，房价大部分时间都在稳定地上涨，只有在少数泡沫严重的时期才会下跌。近几十年来，中国经济高速增长，城镇化进程快速推进，实际通货膨胀增速接近 M2 增速。根据前面的房价增速公式，我们可以得出中国房价近些年来的高速增长并不特殊，是一种正常的增长。中国的房地产市场也没有传说中的"很大的泡沫"，很多人对中国房价下跌的预期没有理论上的支撑。

中国的房地产市场还有区别于其他国家的特殊机制，这些因素注定了中国的房地产是值得投资的。

第一，中国有严格的外汇管制，中国的钱不能随便到国外去买楼、炒股，而房地产市场恰恰能吸纳如此多的资金。

第二，中国有特殊的土地财政政策。 Case-Shiller 住房价格指数证明美国的房价增幅约等于通货膨胀率，其前提条件为美国市场化的土地制度。而中国的土地掌握在地方政府手上，政府控制住根本的土地供应，也就控制住了房价的涨跌。

第三，房价与长期经济是相关的。中国经济经过 40 余年的改革开放，已经拥有了较好的工业基础，有了充足的人力资本，劳动力素质持续提升，科研能力也在不断提高，只要我们继续开放、学习，在接下来的 10 年、20 年，中国经济依然可以保持增长。只要经济继续增长，老百姓就还会更有钱，房价也会继续跟随着经济发展和居民收入水平上升而一起上涨。

第四，中国还有其他国家没有的优势，那就是中国的人口体量很大，市场潜力巨大。中国现在的城镇化率还有待提高。这么多人口是一个规模巨大的市场，能够促进创新，促进经济发展，而这又会进一步推动城镇化的进程。从这个角度来讲，中国的房地产市场不仅没有饱和，还有很大的空间。

还有人担心房地产调控会影响房价，其实，调控是为了降低房价的增速，而不是为了降低房价。这些年中国的房价涨得快，买了很多房子的人就挣了大钱，积累了大量财富。但还有很多人，尤其是"后来的"年轻人还没来得及买房，压力很大。为了避免社会财富差距因为房价被拉得过大从而影响社会的稳定和公平，政府才出台了房价调控政策。调控政策的基调是什么呢？是"房住不炒"。其目的是分离房子的消费属性和资产属性，尽量压制其资产属性，防止房价增速过快，防止社会财富差距进一步被拉大。

房地产调控不是为了降房价，而是为了给中低收入家庭及"后来的"年轻人创造买房的机会。因此，有条件的家庭一定要利用这个机会买房"上车"。北京大学国家发展研究院金融学副教授徐远曾有一个形象的比喻：中国经济就像一辆快速奔驰的列车，房子就是列车上的座位，买房就相当于买票上车，跟着中国经济一起前进，享受经济增长的红利。虽然现在中国的经济增速减缓了，但放在全世界来看还是比较快的。中国家庭还是要买票"上车"，否则可能会被列车抛下。

2　住宅值得买 or 不值得买都说错了

● 房价看区域

我们相信房地产的投资价值，不管房价涨得是快是慢，它整体的涨幅始终与 M2 的增幅相匹配，因此投资房地产能跑赢通胀。但中国太大了，在不同的地方买房，最终的收益有巨大的差异。

一直以来，看好房地产和唱衰房地产的声音此起彼伏。我认为就住宅而言，单纯地说值不值得买都是不对的，因为做投资要综合考虑各方面的因素。即便房地产值得投资，但如果你不加辨别地投资，依然可能亏损。所以不能简单地说值得买或者不值得买，而是要分析具体的约束条件，例如这个区域未来发展怎么样，当下买房的时机合不合适，买房与自己未来的规划吻不吻合。

毕竟，**房子作为一种固定资产，本身并不会增值，房子本身的价值只会折旧。我们经历的房价上涨，其实是土地价值的上涨**。土地增值了，土地上的房子的价格才会跟着上涨。因此，买房终归是买地段。

2013 年开始，中国的房价产生了两个分化，一个是城市间分化，另一个是城市内分化。在 2013 年以前，中国的房价几乎是同涨同跌的，但 2013 年以后就变成了大城市涨得快，小城市涨得慢；同一个城市的不同区域涨幅也有很大不同。所以，买房一定要选区位，否则投资价值会大打折扣。

做投资，我们首先要判断城市间分化。有很多指标可以帮助我们分析，包括城市规模的大小、城市人口的流入情况、城市的土地供应、儿童数量、财政收入以及上市公司数量等。一些资源枯竭型城市，由于自然资源耗尽，发展潜力不大；一些气候不宜居的城市，如一些干旱、寒冷、高海拔的城市，难以吸引人口流入去定居、发展经济：这样的城市就会和高速发展的城市形成巨大的城市间分化。

而城市内分化，是指一个城市内部的不同区域因区域优势、软硬件设施配套及房屋质量等因素导致房价界限越来越突出。在成熟、配套设施好的中心城区，房子的长期投资价值更高。而一些城市的远郊，交通不便，配套设施比较差，投资价值就不高，投资风险也比较大。

就拿成都来说，2019 年 7 月，成都锦江区的一块地拍出了楼面价 19800 元的高价，刷新了成都楼面价的历史，成了新"地王"。正常情况下，住宅售价会在楼面价的 3 倍左右，如果是精装修房，售价就更高了。锦江区位于成都市区一环以内，交通便利，软硬件设施已经十分成熟，可以说是成都市区的"中心地段"，长期投资价值较高。楼面价接近 2 万元，未来房价估计只增不减。但如果在成都周边区县或者周边的城市去买房，预期就不会有这么高的增长。因为会受到交通、配套设施的限制，投资价值相对较低，投资风险也比较大。

● 投资房地产看准大都市圈

中国的房地产市场有一个流行的说法，叫"短期看金融，中期看土地，长期看人口"，就是说短期的房价涨跌要看货币政策是宽松还是紧缩；中期房价的涨跌要看土地供应是增加还是收缩；长期的房价涨跌要看一个地区的人口是流入还是流出。这个说法是很有道理的。一般而言，固定资产交易比较困难，加上一些城市有限购限售的政策，不太可能短期、高频地交易，因此，房价是涨是跌，要用

发展的眼光去看。

要判断一个地区的未来房价是涨还是跌，最重要的就是判断这个地区的人口未来是净流入还是净流出。这个判断标准，既可用来看大的范围，如中国人口是不是继续从西部往东部流动，未来人口是不是还要持续往一、二线城市聚集；还可运用到更小的区域，如城市、区域。

过去 10 余年，中国的城市规划指导思想一直是控制大城市规模，积极发展中小城市和小城镇，区域均衡发展。[①] 所以很多人说，未来中国人口会往小城市回流，"逃离北上广"也是一个很流行的说法。

但人口真的会往小城市回流吗？我们可以看看其他国家的例子。**众所周知，日本早已进入老龄化社会，人口逐年减少，但东京圈的人口依旧保持上升态势。**即便日本人口总数年年下降，但自 2013 年开始，东京圈人口已经连续 6 年保持增长，是全世界聚集人口最多，同时也是 GDP 产值世界第一的都市圈。

再看美国，美国国土面积跟中国相近，地广人稀。美国一共有 3 亿多人，其中约 2.4 亿人居住在面积仅占美国国土面积 3% 的 11 大都市圈，却生产了美国 85% 的 GDP。

全世界的大部分国家，人都是不断往大都市圈流入的，这是最基本的规律。

改革开放 40 余年，也是中国人不断从农村涌入城市的 40 余年。近几年，京津冀、长三角、粤港澳大湾区、成渝经济圈……这些以"群"为单位的规划，越来越多地在国家发展构想中被提及。城市群，是指在特定地域范围内，以 1 个以上特大城市为核心，3 个以上大城市为构成单元，集聚而成的多核心、多层次的城市集团。而都市圈，则是在城市群内部以超大城市、特大城市为中

---

① 任泽平：《房价还会涨吗？房子还能买吗？》，https://www.sohu.com/a/202216691_467568。

心，以 1 小时通勤圈为基本范围的城镇化空间形态，一般而言，都市圈是城市群的核心和组成部分。

智研咨询发布的报告显示，2017 年中国七大城市群的 GDP 已经占到了全国总量的 54%（见图 14），七大城市群的人口占全国的比重也达到了 67%（见图 15）。

从经济学的角度看，资源永远是匮乏的，而城市有聚集的效应，能将资源集中到城市加以利用。"教育、医疗、养老"，只有在城市才能得到高度集中的配置及保障和发展，而这三者又决定着城市的集约发展程度。城市不仅更节约土地、更节约资源，还更能促进信息的交流和思想的碰撞，城市更有创新力、更有活力、更高效。所以越有活力的城市越能吸引更多的人口，人口越多的城市也越能创造更多的产值。

中国未来人口会往哪里流动呢？美国人口大都集中在大都市圈，同样，中国的人口也会继续往一线城市、二线城市、各省省会和区域中心城市聚集。

● 买房，与人生规划密切相关

当然，住宅比起其他可投资的产品更特别，因为它同时也是一种消费品。选择在哪个城市买房，跟人生规划密切相关。做资产配置前要先定目标，一切都要围绕自身的目标规划进行，只有适合自己的投资才是最好的投资。

1999 年，我离开徐州回到成都，一方面是因为想要离父母更近些，另一方面是在走过了中国很多城市以后，深感自己更喜欢成都。我相信成都兼容并包的城市文化更有利于未来的发展，因此决心留在这个城市。

对一些年轻人而言，"北上广深"集中了更好的资源，也拥有更多的发展

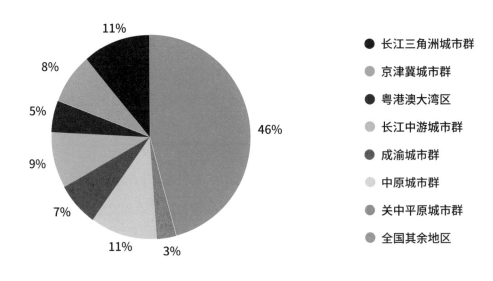

图 14　2017 年中国七大城市群 GDP 占比

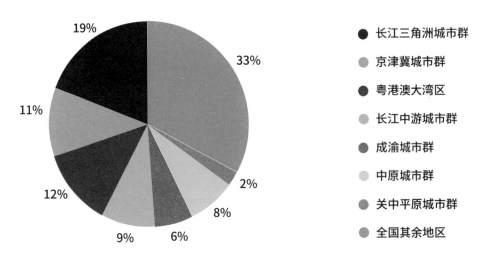

图 15　2017 年中国七大城市群人口占比

机会，但一线城市房价很高，还有各种各样的限购政策，年轻人想到这几个城市定居下来真的很难。最近几年，西安、武汉、南京、成都掀起了"抢人潮"，长三角、粤港澳大湾区是热门的城市群，年轻人应该根据自身的喜好、专业技术与城市经济结构的匹配度做更有针对性的资产配置和人生规划。

一些三、四线城市可能没有限购政策，买房更容易，但投资三、四线城市的房地产要更慎重，要认真分析目标城市的具体情况，判断这个城市的人口未来是会增长还是有可能流失。

3　钱不够就不能买房吗

● 投资房地产也有低门槛

谈到买房，很多人都会说："我要是有钱，早几年就买了，没买不就是因为首付都没有吗？"房地产投资确实存在投资门槛比较高、投资金额一次性支付巨大的问题，并且挑选合适的投资项目以及管理房地产，都是费时费力的事情。

拿不出一套房子的首付就注定与房地产投资无缘，不能从房价上涨的财富增值热潮中分一杯羹吗？当然不是。在一些金融市场更加发达的国家和地区，REITs（Real Estate Investment Trusts）这个工具可以用来做房地产投资。

REITs 中文名为房地产信托投资基金。它也是一种基金，只是与我们平时讲的股票基金、货币基金略有不同，是专门用来投资房地产的基金。基金的投资门槛就比买房的低多了，在中国的一、二线城市，一套房子少则几百万元，多则几千万元，购买基金甚至几十元就可以。

20 世纪 60 年代，REITs 在美国出现。到 2001 年，日本也有了 REITs 产品。2005 年，REITs 在中国香港出现。REITs 是基金管理公司去选择购买或者投资一些房地产项目，房地产项目增值，投资者的资产自然也跟着增值。同时，这些房地产投资还会产生现金流回报（租金），因此 REITs 还会向股东定期发放分红。就像美国房价上涨跑赢通货膨胀一样，过去 40 年，美国 REITs 只有 3 次没有跑赢标准普尔 500 指数 [①]。中国香港的房地产市场一直受投资者青睐，2005 年以来，在中国香港上市的 REITs 也是一骑绝尘。亚洲市值最大的房地产信托投资基金领展房产基金（00823）从上市初就跑赢了同期绝大多数指数。[②]虽然购买条件有一定的限制，但是中国内地也已经有了与 REITs 产品类似的金融产品。未来，不排除出现更多普通人也可以参与的 REITs 产品。

● "分时 + 产权"，钱少也能有房产

近几年，在共享经济浪潮下，分时分权度假项目又重回大众的视野，购买分时分权旅游地产能让投资人用较少的投入分享房价上涨的红利。

共享经济本质上就是利用互联网技术降低了交易成本。我们想要享受随叫随到的专车服务，不需要雇用专门的司机；我们想解决交通的"最后一公里"问题，也不需要自己去买一辆自行车。但目前多数的共享经济也被人诟病为只是一种新型的"租赁模式"，因消费者只有"共享"商品的使用权，商品的产权还掌握在商家手中，其实"共享汽车"的本质和出租车没差别，"共享自行车"和自行车出租也很类似。

而分时分权度假是有产权保证的。分时分权度假是从已经拥有了半个多世纪历史的分时度假交易模式中衍生出来的。分时度假，是指消费者先行付费（一般为 3 万～ 20 万元），获得每年旅游目的地清单中某个酒店一段时间（一般为 1 周或 15 天）的住宿权（持续 10 ～ 30 年），一般分时度假公司会提供多个目的地供

---

① 标准普尔 500 指数是记录美国 500 家上市公司的股票指数。

② 老罗话指数投资：《没钱买房，不妨碍你当房东，REITs 了解一下》，https：//www.sohu.com/a/245123665_718140。

选择。这个模式起源于 20 世纪六七十年代的法国，由于马歇尔计划①，走出战后困境的欧洲度假风气兴盛，地产商在法国地中海沿岸开发了大量海滨别墅。但由于房产价格太高，多数家庭都不能单独购买，便自发形成了亲朋好友联合购买一幢别墅再分时使用的情况。这一模式被敏锐的地产商发现，于是地产商提供了以分时销售客房使用权来售卖房产的分时度假模式。

20 世纪 90 年代，分时度假在全球流行起来，在美国尤为兴盛。这一模式当时也被引入了中国，用"会员制"的方式进行运作，然而，这个模式在当时的中国并没有获得较好的发展。

为什么当年在欧美运作成功的模式在中国不能成功呢？我认为，这和中国当时的一些现实情况相关。20 世纪 90 年代的中国人要出国太困难了，办签证就非常困难，还要提供很高的资产保证，很多购买了分时度假产品的消费者发现自己根本不能出国，根本不能真正使用这个产品，被欺骗感油然而生。

在共享经济浪潮下，分时度假结合产权以新的样貌重新出现。分权与分时度假紧密结合，将一栋酒店公寓的产权进行分割，再出售给多个业主，每个业主赢得相应等分时间段的住宿权以及酒店经营收益的分红。

分时分权度假在传统分时度假的基础上，通过赋予投资人产权的保障进一步减少了分时度假产品的风险。产权比起原本的使用权更有利于保值和交易，投资者同时也是业主，收益也有了更好的保证。有产权在背后作为支撑，使得分时分权度假这个模式更加接近共享经济的本质。

分时度假起源于法国，却在美国得到最大的发展。这是因为 20 世纪 70 年

---

① 马歇尔计划，官方名称为欧洲复兴计划（European Recovery Program），是第二次世界大战后美国对战争破坏后的西欧各国进行经济援助、协助重建的计划，对欧洲国家的发展和世界政治格局产生了深远的影响。

代，美国在经历一轮高涨的通货膨胀之后，出现了大量烂尾楼。分割一套房子的产权，既减轻了购房者的购房压力，也帮助开发商盘活地产项目，拯救了很多地产项目及当地的经济。

4 如何让不动产动起来

● 共有产权，让中低收入家庭"上车"

海子的诗句"我有一所房子，面朝大海，春暖花开"，是很多人的理想生活模板。以前，海景别墅是有钱人才能拥有的，但"分时分权"模式的出现，让更多普通人也能实现自己的梦想。

我们常说，"有恒产者有恒心"，房产除了可以满足居住的需求外，还由于价值高，天然具有投资的属性。随着社会经济的发展，房子的投资价值越来越大了。"养老房"等投资形式在市场上自发形成，开发商开发了许多养老地产，尤其是"面朝大海"的旅居养老地产更是数不甚数。但全套购置房产的费用不低，把很多人阻挡在这个市场之外。此外，旅游地产的小区空置率高、房子便利条件不足、资产价值不能充分体现等，也导致了旅游地产、养老公寓的滞销。

随着市场经济的发展，产权观念越来越深入人心。要想让人们接受"分时分权"地产项目，首先要解决怎么"分权"的问题。

"分权"其实就是"共有产权"，就是产权与他人共有。共有产权房是一种新的保障性住房，即买房人与政府共有房屋产权，以此降低买房者的购房成本。2014年，国家住房与城乡建设部将北京、上海、深圳、成都、淮安、黄石列为全国共有产权住房的试点城市。

共有产权房因为价格远远低于普通商品房，对中低收入的家庭来说无疑是一次"上车"的机会。如果资金不足，通过购买共有产权房"上车"未尝不是一个好选择，至少比"上不了车"强。这种由政府主导的"共有产权"的尝试，证明了房子是可以按份卖的。

● 让不动产动起来

房地产价值高，利于保值，能够抵抗通胀，不过房地产也有它的劣势，比如不好交易。比如传统旅游地产，消费者买了房子之后，住的时间很少，房子闲置时不能产生收益，还要花很高的成本维护和管理，造成很大的浪费。"分时分权养老旅居"模式的核心不在于销售，而在于使用，这个模式让房屋资源利用率得到了很大的提高。由专门的管理团队负责运营和管理，业主可以随到随住。

"分时分权养老旅居"实现了让不动产动起来的效果，让与项目相关的管理人员、服务业、消费都动了起来，比单纯的房产销售创造的价值高很多。同时，一套房子分几份卖，不仅降低了每个购房者的购房成本，还使房产交易更加容易实现。一份份额的售价仅为整体房产售价的几分之一，这就让交易的难度下降了很多。

从这个角度来说，不动产的核心价值是它的金融价值、资本价值。第一，不动产的价值非常大，再小的不动产也值很多钱；第二，不动产到处都是，在投资领域，固定资产投资占 50% 以上，这是一个庞大的市场。但因为不动产价格高，它的交易是困难的。比如房地产投资，动辄几百万元、上千万元的投入，很多人想买却买不起。通过分时分权的模式，只要几万元、几十万元就能参与房地产投资，这就大大扩大了市场的规模，让不动产交易变得更容易。

从某种意义上讲，这就像是小型资产证券化。要理解什么是资产证券化，需要理解什么是 STO。STO，全称为 Security Token Offer，即证券型通证发行，指在确定的监管框架下，按照相关法律法规、行政规章的要求，进行合法合规的通证公开发行。Security Token（ST）属于证券，是公司这一组织方式所有权的代币化和智能化。广义上的 Security Token 也包括地产和债券等资产的代币化，是现有的资本结构（Capital Structure）体系下资产的上链。例如，可以将房地产、股权、债权、艺术品等作为担保物通证化上链，利用区块链技术进行流转和交易。

STO 的目标是在一个合法合规的监管体系（如美国证券交易委员会）下进行通证的公开发行。目前，全世界已经有多家 STO 交易平台成为新的投资热点。STO 通过智能合约和区块链基础设施进行通证化、自动组织和管理，相比传统的证券发行有较大优势。有人形象地将 STO 称作"区块链时代的 IPO[①]"。

第一，STO 是可编程的，可以将证券中包含的特定权利，例如股息、投票权，编入证券本身并完全自动化，使各种流程、操作变得简单明了。第二，STO 基于区块链技术，具有不可篡改且永久存储在去中心账本的优势。第三，STO 可以使交易费用几近于零。这就使得大量资产可以在资本市场登陆和交易，增加了资产变现流通的渠道。这意味着规模较小的公司也有机会从更多投资者中募集资金，也使普通投资者能够参与投资，降低了交易双方的交易成本。

STO 最大的优势还在于可分拆，房地产被认为是特别适合 STO 交易的资产，昂贵的房地产可以被分成许多部分，投资者可以持有这些大型资产的一部分。这是一种非常理想的形式，大大降低了房地产投资的门槛，使投资者的选择更多了。

2018 年 11 月 12 日，美国一家区块链公司 Fluidity 与经纪自营商 Propellr

---

① IPO：首次公开募股（Initial Public Offering），又名首次公开发行、股票市场启动，是公开上市集资的一种类型。

合作，在"以太坊^①"将曼哈顿一处价值 3650 万美元的房地产上链，不再整买整卖，而是将该地产囊括的豪华公寓分割成多份，每一份代表一套公寓的产权，独立销售给想要拥有曼哈顿公寓房产权的人。这就是通过 STO 的方式来提升房屋资产流通性的典型案例。

STO 的出现解决了房地产投资原本的门槛高、流动性差、交易费用高等问题。区块链技术是每个国家都想要抢占的未来技术高地，也是我们国家鼓励发展的方向。我相信，未来中国也会发展出我们的 STO 或者网上资产交易所，这就能真正实现让不动产动起来的愿景，让普通人也有资格参与房地产的投资，分享财富上涨的硕果。

---

① 以太坊是一个开源的有智能合约功能的公共区块链平台，通过其专用加密货币以太币，提供去中心化的虚拟机来处理点对点合约。以太币是市值第二高的加密货币，仅次于比特币，以太坊亦被称为"第二代区块链平台"。

5 分时分权的养老旅居

● **一套房子分 10 份卖**

对我而言，认识到分时分权模式的优势，也是一个循序渐进的过程。我在成都尝试分权模式的地产项目，源于一个意外。

当时，成都某公司有一个"停车楼"项目，为了满足政府规划上的要求，销售遇到了问题。当时成都对停车位的比例要求特别高，一开始要求 1 ∶ 1.1，后来又要求 1 ∶ 1.5，就是 100 平方米要配 1.5 个停车位，相当于一套房子搭配 2 个车位，但实际上有两辆车的家庭比较少。

在规划设计这个项目的时候，公司管理人员就预判到了未来车位一定不好卖，要想办法压缩成本。如果修地下车库，成本很高，于是就设计成了地上 4 层停车库，再在停车库上盖公寓。这样一栋楼投资了 4 亿元，修建了 800 多套公寓。行情好的时候，公寓还能卖出一部分。到了 2013—2014 年，成都房地产市场陷入了低谷，这个公寓就彻底卖不动了。

一个投资巨大的项目，怎么才能把付出的成本收回来，成了让大家伤透脑筋的事情。在一次头脑风暴中，一位老总开玩笑地说道："要不然就按周卖，一周 1 万元，一年 52 周就卖 52 万元！"当时这个公寓一套卖 20 多万元，就算加

168

上精装修一套也就卖 30 多万元，如果能卖 52 万元一套，那岂不是就能赚钱了？当时大家都觉得这是个笑话。但这个听起来像笑话的说法，却为大家打开了思路，为公司找到了方向：一套房子分 52 份有点多，但按 10 份来卖还是可行的。于是该公司定下了一套房子分 10 份卖的标准，每份卖 5 万元。

一套房子分成 10 份，要让购房者买得放心就一定要有产权，这就意味着每卖一套房子就要办 10 个产权证，房管局会不会给办呢？该公司认真研究《城镇房屋权属登记管理办法》，里面并没有禁止性规定，还去了成都市房地产管理局咨询，一开始工作人员说不能办理，但也给不出不能办理的依据。

经过多次交涉，该公司才明白不能办理多份产权证的症结是工作量太大。原本一套房就办 1 ～ 2 个证，现在一套房要办 10 个证，而且共有产权证还分为主证和副证，所以更加麻烦。该公司提出，需要办证的时候，他们可以安排员工去协助房管局的工作人员一起办理，减轻房管局工作人员的工作量。

当时还得益于这样一种氛围，即整个国家都在鼓励"大众创新，万众创业"，不管是老百姓、企业还是政府，都有创新的意识与愿望。房管局认可该公司做创新尝试，也就逐渐转变想法，认为分权的形式是可行的，办理多份产权证也是一种制度上的突破。这个模式被作为政府新的服务理念推出，办理共有产权证的问题迎刃而解。

至此，分时分权的模式在传统会员制的权利、权益之上，终于获得了产权的保障，这个模式也就能够真正实施下去了。

未来还有更多地区、更多的酒店采用这种模式，将旅游和养老相结合，让老年人实现旅居养老的梦想。

● 新时代，新老年，新旅居

经济学讲"有需求就有市场"，中国已经步入老龄化社会，其进程还在逐渐加快。根据国家统计局 2019 年 1 月 21 日公布的数据，截至 2018 年年底，中国 60 周岁及以上人口已超过 2.5 亿，占总人口的 18.1%。老龄化程度的加剧，会大大拓展养老旅居的市场空间。

24 岁到 60 岁是人生的黄金时段，我们一生中绝大多数的工作和消费，都集中在这 37 年。当今社会，人们的寿命越来越长，老人的养老周期也越来越久，如果以后的人们能够活到 96 岁，从 60 岁到 96 岁，又是另一个 37 年。在这个 37 年里，又包含着多少新的消费、新的市场？

"分时分权养老旅居"这个模式，未来会有更大的发展空间。当"60 后""70 后"逐渐步入老年，老年人的精神面貌会发生很大的变化，以后的老年人会越来越积极、开放地面对新生事物。将来，分时分权的养老旅居可以充分地与游戏、医美等产业相结合。

今后，老年人的生活方式会越来越向年轻人靠拢，在娱乐方式上也越来越接近年轻人。西班牙调查数据显示，2016 年到 2017 年，西班牙 45～64 岁的游戏玩家数量增长了 47%。在全球范围内，这也是一种普遍趋势。娱乐软件协会 2018 年发布的报告显示，美国的游戏玩家中 50 岁以上的人占比超过 10%。2018 年 3 月，日本知名游戏企业还在横滨市为老年人举办了游戏专场，现场提供了《太鼓达人》等游戏，让老年人充分享受游戏带来的乐趣。

对外貌进行投资也不再是年轻人的专利，在任何年龄都可以花钱让自己更年轻、更健康，这是非常划算的投资。中国老年人的美容、娱乐等很多需求还没有得到充分的满足。随着时间的不断推移，当越来越多的网民迈入中老年，一定会催生出更多针对老年人的产业：老年医美、老年电竞……养老旅居地产也可以配备医美设施。一方面，未来老年医美会有更大的发展；另一方面，医美作为一种医疗手段，需要一定的术后恢复期，如果与旅游相结合，会是一个潜力十足的市场。

第七章

资产配置——
通往财富自由之路

> 我们把围绕一个人的一切都看作资产，把人做的一切选择都看作配置，那么你每时每刻都在进行资产配置。因此，资产配置是人生的全收益组合。站在这个维度，我们该怎样认识我们的资产？怎样做出我们的选择？用怎样的思维来规划我们的财富和人生？

1 资产配置——富人的标配，穷人的观念

● **两种资产**

谈到资产，人们往往会第一时间联想到银行存款、房产、汽车、理财产品等。的确，这些都被称为"有形资产"。有形资产是指那些有一定实物形态、比较容易在财务上进行量化的资产，如现金、股票、基金、藏品、房产等。

随着社会经济的发展，另一种资产逐渐受到重视，即"无形资产"。所谓无形资产，即没有物质实体，却能持续为其所有者带来收益的资产，比如个人的专业技能、理财能力、基础知识、创新能力、时间、精力、信誉、人脉关系等。与有形资产一样，无形资产也能持续创造现金流，并且其效益有时会超过有形资产（见图 16）。

当前，我们所谈到的个人资产，其含义实际上是从企业资产衍生而来的。对企业而言，有形资产通常包括产品、设备等，而无形资产则指企业的信誉、创新研发投入等。随着社会的发展，现代企业对无形资产越发重视，因为创新研发投入往往能够为企业创造具有更高价值的产品或服务，从而获得超额利润。

与企业类似，个人也需要对无形资产加以重视。我们的有形资产可以通过管理创造价值，无形资产能通过创造有形资产而创造价值。比如，我们投入时间和精力去学习专业技能，这样一来，我们在工作岗位上就可能比别人优秀，能完

175

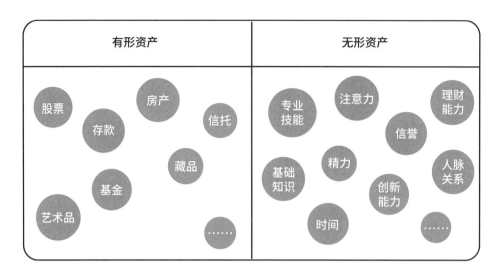

图16　一个人的两种资产

成更多工作任务，更有机会实现职位晋升，从而将知识、技能转变为可以量化的财富，即更高的收入等。再比如，在建立个人信誉体系、拥有人脉关系后，财富机遇会随之增加。无形资产越多，个人成功的可能性就越大。同样在许多危急时刻，信念、责任感等无形资产能够发挥巨大作用，甚至可以力挽狂澜。另外像知识这样的无形资产，往往可以通过人与人的相互分享不断积累，一个人把知识、经验分享给更多人，就会将一个人的无形资产扩大为一个组织的无形资产，从而产生更大的价值。

当然，有形资产也至关重要。人们通常将部分有形资产用作保值，将部分有形资产用作投资，通过精细管理，有形资产会增值，从而像滚雪球一样积累财富。这两种资产实际存在着连续转化的关系：有形资产可用于无形资产的增长，无形资产反过来又能产生有形资产。比如，我们付费学习，提高知识水平和专业技能，然后学以致用，就会产生新的有形资产。在懂得了两者之间的转化关系后，我们就不会因为暂时没有有形资产而慌张，而会更清晰地对资产进行规划配置。

● 资产配置，选择的艺术

资产配置包含消费和投资两个部分，是我们的与资产、能力甚至时间相关的一切活动，是人生全收益的组合。怎样合理规划、运用自己的资产，包括怎样分配自己的劳动力、知识、时间、精力，其实都是投资行为，当然也是资产配置的一部分。当下是注意力经济时代，分配自己的注意力其实也是一种资产配置。

想明白了这一点，我们就知道为什么每个人都需要了解经济学、学会资产配置，因为我们的时间、金钱、能力如何分配，都需要我们不断地选择。经济学是一门研究选择的学科，诺贝尔经济学奖获得者——美国经济学家保罗·萨缪尔森在《经济学（第 19 版）》中曾说道："经济学是研究人和社会如何做出最终抉择的科学。"[1] 人的欲望无穷无尽，但满足欲望的物品总是稀缺的，如何分配有限的资源就变得至关重要。我们时时刻刻都在做选择，就算把钱放在家里，也是一种投资选择，只是这种行为不产生其他收益而已。

我自己就经历了一个漫长的财富观念转变过程，过去的一些经历让我意识到资产配置的重要性。以前，我没有把自己的财富意识运用到生活中，导致每当我遇到当下解决不了的问题时就选择逃避。但人生经不起那么多等待，我因此失去了很多机遇。现在看来，投资没有那么高深莫测，资产配置也没有那么神秘。我逐渐意识到，要把资产配置的观念扩展到有形资产以外，用资产配置的思路来管理人生，逐渐完善资产配置的组合。从此，我的生活状态越来越好，财富积累得越来越多。

---

[1]　保罗·萨缪尔森、威廉·诺德豪斯：《经济学（第 19 版）》，商务印书馆，2013。

如果我们用资产配置的观念来看待教育，就会发现教育的花费具有消费与投资的双重属性。很多家庭为了孩子的教育，砸了很多钱，如果孩子最终没有从中获益，那这些投入就被消费掉了，如果孩子因此获得了成就，这便是成功的投资。我母亲认为，对我的教育投资是她最好的投资，也是对我们一家人最有用的投资。

如果思考的范围更广一些，资产配置还涉及我们的家人和朋友，因为我们需要在人际关系中去配置自己的金钱和精力。这些都是我们生活中方方面面的事情，并不是说一定要讲到金融产品或者金融衍生品才能叫资产配置。

广义上的资产配置理念没有既定的模式，而是根据每个人自身的不同境遇，做出不一样的选择，其关键在于要运用资产配置的思维来找到最适合自己的方式。

我自身的经历也让我明白，普通人不是没有专业的财经知识、理财知识，而在于缺乏资产配置理念。**我们本来每时每刻都在做选择、进行资产配置，只是我们不知道我们在做而已，因为我们没有意识到资产配置也是一种认知能力。**

● 为什么穷人更需要资产配置

改革开放以来，中国人的财富增长非常迅速，同时财富水平的差距也越来越大。在改革开放以前，中国社会的基尼系数长期在 0.2 左右，而 Wind 数据显示，2017 年中国的基尼系数已经达到 0.467，贫富差距在几十年间被迅速拉开。穷人靠什么摆脱贫穷？有钱人靠什么变得更有钱？这里边就显示出资产配置观念不同所带来的差距，我们要靠正确的财富观念来指导我们的实际行为。

生活中，很多人每天都省吃俭用、辛苦工作，可为什么还是不富裕呢？原因很简单，因为他们缺乏资产配置的观念。很多人都认为，资产配置是有钱人的事，而自己"连资产都没有，还配置什么"。这个想法可能正是其不能致富的原因，体现了穷人思维和富人思维的差别。事实上，钱少更需要进行资产配置。每个人都有无形资产，比如时间、信誉、注意力等，但其产出具有个体差异性。有的人产出高，有的人产出低。一个人在缺少有形资产的时候，应该积极配置无形资产，使其产出更多有形资产。比如，人们可以在岗位上培养专业能力、建立信誉、积累人脉关系等，通过这些无形资产的积累创造出有形资产；当有形资产积累到一定程度时，就要学会配置有形资产，让有形资产创造出更多有形资产。资产配置就是选择的艺术，而穷人有形资产少，容错率低，资产配置对穷人而言实际上更重要。

《贫穷的本质》的作者阿比吉特·班纳吉和埃斯特·迪弗洛对贫穷是怎样产生的和贫穷的人如何生活进行了深入研究。作者意识到人处于贫穷状态时，做选择会非常谨慎，为了生存，穷人会过分精打细算。由于穷人接受信息的渠道受限，缺乏财务规划，无法对未来的规划投入更多时间和精力，那些可以被忽略的小花费、小障碍、小错误，就会成为其生活中突出的问题。我非常认同这一观点，穷人为什么穷？根本原因在于没有资产配置观念，即缺乏规划。为什么不懂规划呢？因为多数人不知道自己的资产，无法梳理清楚自己的主要需求，更不知道如何使资产价值最大化，于是很多人就这样浑浑噩噩度过一生。

认知缺失造成了配置缺失。因此，穷人进行资产配置的第一步就是建立资产配置观念。改变观念才有可能改变行动。富人正是因为有合理的资产配置，所以财富增长得很快。穷人如果没有资产配置的观念，财富积累就遥遥无期。

一般人理解的资产就是钱、房产等，穷人没钱、没房产，还怎么进行资产配置？但事实上，不是只有金钱、房产等才是资产，我们的知识、时间都是资产，那么穷人应怎样配置自己的时间以及学习能力，才能在未来得到更好的金钱回报？这需要资产配置观念来发挥作用。穷人要跳出金钱的概念，从提升自身的价值入手来做资产配置，不断做出正确的选择，实现资产的增值，让自己逐步走上积累财富的道路。

事实上，钱少也并非一无是处。穷人因为钱少，投资要取得较高的相对回报其实更容易。我们的资产，从 100 元变成 1 万元，需要增长到 100 倍，要从 1 万元变成 100 万元，虽然还是增长到 100 倍，但相较于前者难度更大。所以，穷人如果形成了资产配置的观念，使自己的小额资金快速形成一定的规模相对容易。

资产配置还有一个核心目的是合理规避风险。穷人钱不多，一次投资失败，可能就把大部分本金消耗掉了，再重新积累又要花很长一段时间。或者说，如果资产配置的方式太单一，不具备足够的抗风险能力，一旦市场、政策有了变化，就会让穷人的资产损失殆尽。所以穷人要守护好来之不易的财富，更要有资产配置观念，配置无形资产也是规避风险的策略之一。比如，一个人精通多种技能，那么其失业的风险就会降低。随着社会的发展，复合型人才越来越受企业欢迎，企业对人才综合能力的要求在提高。所以，一个拥有多项技能的人才，就更能在职场上如鱼得水。

相比穷人，富人甚至可以不用每天早出晚归地工作，不仅吃穿不愁，还有源源不断的收入。这就是因为富人通过资产配置使其财富不断增值，为自己创造了足够的"睡后收入"。

什么是"睡后收入"呢？"睡后收入"其实就是"持续收入"或者"被动收入"，它来源于资产或非体力，也就是你躺着睡觉，什么也不做也会取得的收入；相应地，"睡前收入"是劳动性收入，意味着一旦你停止工作收入就消失了。

　　很多富人的财富不是单靠辛勤劳动、储蓄得来的，而是因为他们拥有很好的投资思维，懂得对财富进行投资和再分配。他们是靠把握住了经济周期的力量、行业的机遇，或者在资产泡沫化的狂欢里分得了一杯羹，从而积累了大量的财富。我们的一生会遇到很多机遇，机遇是给有准备的人的，这个准备就是有资产配置的观念。

2 重新理解标准普尔家庭资产四象限

● **标准普尔家庭资产四象限**

对于普通人来说，一生中挣钱的时间是有限的，花钱却伴随一生。

年幼时，没有赚钱的能力，却要花很多钱；青年时期，刚刚开始有赚钱能力，但花钱的地方更多；到了中年，赚钱的能力越来越强，可是上有老、下有小，负担越来越重；到了老年的时候，收入逐渐降低，健康支出却在持续增加。所以，我们能不能在各个年龄段之间进行合理的资源分配，在一生中过得更顺利，资产配置就变得格外重要。

广为人知的有形资产配置方式就是标准普尔家庭资产四象限，如图 17 所示，它将家庭资产划分为四个类别。

第一象限是"现金账户"，就是要花的钱，一般是银行活期储蓄，这个账户用于保障家庭的短期消费，占可配置资产的 10%。

第二象限是"保障账户"，就是保命的钱，指的是意外伤害和重疾保险的保险投入，占可配置资产的 20%。

第三象限是"投资账户"，即生钱的钱，就是要利用风险投资获得高回报，包括股票、基金、房产等，占可配置资产的 30%。

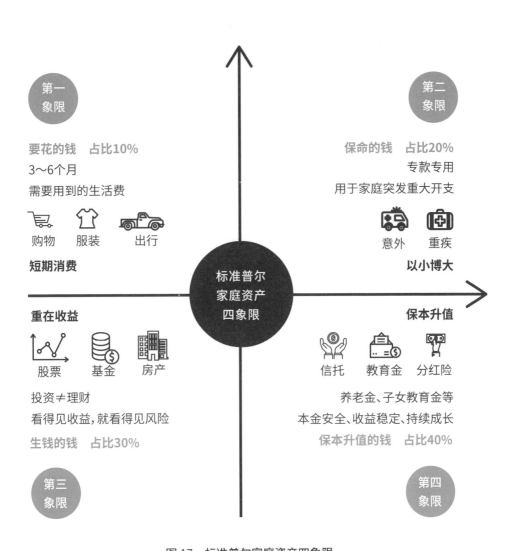

图 17　标准普尔家庭资产四象限

183

第四象限是"保证账户"，即用来保本升值的钱，这个账户要安全、有长期收益，通常是信托、教育金、分红险等，占可配置资产的 40%。

在标准普尔家庭资产四象限中，根据资金用途把家庭资产分为四个象限，这是标准普尔公司为全球家庭提供的一个较为稳健科学的资产配置方式。

在实际情况中，每个家庭的成员构成和所处阶段都有差异，收支不同、负债不同、风险承受能力不同以及对未来的预期不同，所以标准普尔家庭资产四象限只能作为资产配置的参考，不能盲目照搬，要根据自己家庭的实际情况"量体裁衣"。

● 制定新家庭资产四象限

当我们从广义上理解资产配置时，就会发现要形成特别清晰的配置方案其实很难，必须根据个人情况、所处周期、家庭情况等，有针对性地设定自己的目标。比如在青年时期，要更多地考虑怎样规划和利用自己的时间、精力来增长知识、积累工作经验，让自己的劳动力资源更快、更多地升值；到了中年，我们既要照顾父母、子女，同时又要保障自己的健康和收入来源，所以要思考怎样运用自己已经积累的财富和掌握的资源来为自己和家人提供保障，尤其是对作为家庭收入支柱的成员的身体健康进行投资；到了老年时期，就应该通过对自己的资产进行合理调整来让自己的老年生活过得更轻松愉悦。纵观我们的一生，我们要用资产配置的观念来支配我们的信用、时间、注意力等。特别是在互联网思维和互联网技术充分发展的时代，新的金融业态和保障业态的出现给了我们做新选择的可能。

结合前述考虑，我们重新理解标准普尔家庭资产四象限，赋予了各象限新的内涵或方式，并将它用图 18 表达出来。

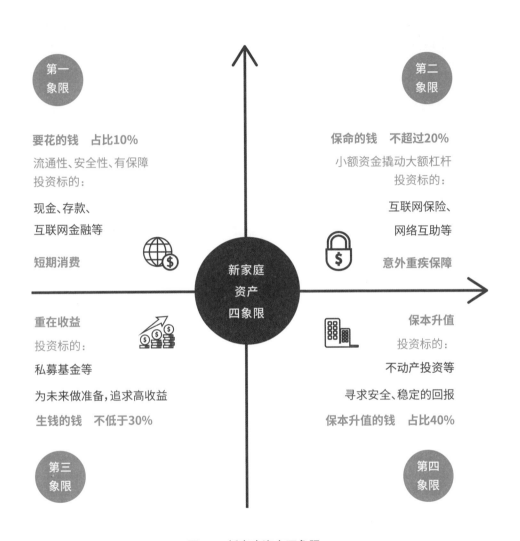

图 18 新家庭资产四象限

第一象限是"现金账户"，资产配置占比为 10%。为了保证资金的流动性，要有可以随时取出的应急资金，可以把钱存在银行或互联网金融平台等。新金融业态的出现，为大家提供了更多更好的选择，兼顾安全性、流动性需要。

第二象限是"保障账户"，资产配置占比不超过 20%。构建五级保障体系：第一层级就是社保，包括社会养老保险和医疗保险；第二层级就是商业保险；第三层级就是互联网保险；第四层级就是网络互助；第五层级就是公司内部或小范围的互助保障体制。

第三象限是"投资账户"，资产配置占比不低于 30%。用来追求高收益的投资，自然要做好承担一定风险的准备。证券市场投资是逃避不了的话题。

第四象限是"保证账户"，资产配置占比为 40%。要配置保本升值的钱，也就是追求稳健增值的钱，这类资金未来有明确用途，因此不能亏损，但由于短期不用，因此需要保值增值来获取相对稳定的收益。

这就是我们制定的新家庭资产四象限。我们可以根据自己所处的周期、区域，形成一个新的资产配置方式。我们要能结合新家庭资产四象限来灵活地实施投资，有效地规避风险，不让自己的财富无端地流失，实现财富保值增值，把财富稳稳地抓在手中。

资产配置的思想不应局限于投资上，而是应该用它来指导我们的人生，或者说，我们应该用投资的心态来对待人生，因此也就能自然而然地将资产配置的观念运用其中。

3 用复利思维规划人生

● **神奇的复利**

资产配置很重要的一部分就是投资。投资在很多人的观念里是一锤子买卖，这个想法其实错了。投资是一件需要耐心的事情，让利率与时间相互作用，形成复利效应，投资就会显现出神奇的效果。做投资，你需要先了解什么是复利。

复利，被爱因斯坦称为有史以来最伟大的数学发现。你或许对复利缺乏了解，但你应该听说过"棋盘和麦粒"的故事。

相传，古印度一个名叫锡塔的大臣发明了国际象棋，国王很赏识他，便许诺可以满足他的任何要求。锡塔说："陛下，我只要麦粒。请在我发明的棋盘格子内，第一格放1粒，第二格放2粒，第三格放4粒……后一格比前一格多一倍，直到把棋格放满。"国王听了哈哈大笑，觉得锡塔是个傻子，金银财宝不要，却要麦粒，他叫人从粮仓拉来麦子，当场兑现承诺。

很快，国王就笑不出来了……因为，他发现，就算用光古印度甚至全世界的粮食，都不能满足锡塔的要求！

"棋盘和麦粒"的故事背后隐含着复利原理，每一格都在前一格的基础上倍增，就是复利。在数学中这又叫几何倍增原理，它的可怕之处在于，如果一个数字大于或等于 2，按照几何级数增加时，倍增的速率是十分惊人的。

我们身边常见的 80g 胶版纸很薄，厚度大约只有 0.0766 毫米。如果把这张薄薄的纸对折，每一次的厚度都是前一次的 2 倍，通过复利效应，当这张纸对折 23 次时，厚度约为 643 米，远超过法国埃菲尔铁塔的高度（约 324 米）；如果把这张纸对折 27 次，厚度将达到约 10281 米，超过珠穆朗玛峰的高度（8844.43 米）；如果把这张纸对折 100 次，其厚度将达到约 102.6 亿光年，而科学家探测到的宇宙极限半径约是 150 亿光年，再折一下就超过宇宙的范围了！如果你觉得不可思议，可以拿一张 A4 纸做一个实验，你绝不可能做到将一张 A4 纸对折 10 次，因为它的厚度会超出你的想象（见图 19）。

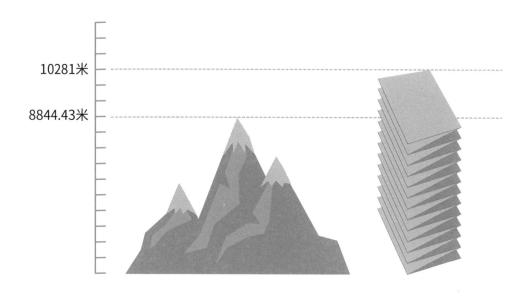

图 19　神奇的复利效应

如果复利效应与财富相结合，会发生什么事情？假设有本金 10 万元，年收益率为 10%，复利与单利不同计息方式下的利润曲线如图 20 所示。

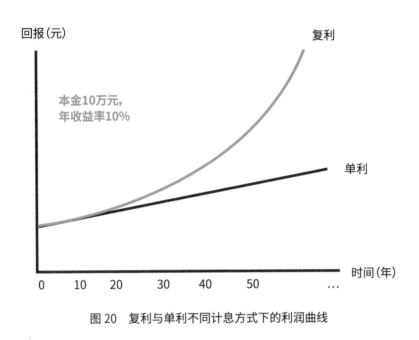

图 20　复利与单利不同计息方式下的利润曲线

● 用复利思维指导人生

我们需要把复利思维用在人生的方方面面，为我们的决策加上时间的维度，用"复时间"来进行思考。随着时间的推移，坚持一个小小的举动可以收到巨大的回报。

作家马尔科姆·格拉德威尔在《异类》一书中提出"1 万小时定律"。他这样写道："人们眼中的天才之所以卓越非凡，并非天资超人一等，而是付出了持续不断的努力。1 万小时的锤炼是任何人从平凡变成超凡的必要条件。"[①] 在任何

---

① 马尔科姆·格拉德威尔：《异类》，中信出版社，2014。

一个领域，不管你的起点在哪里，只要能坚持不断地学习，付出足够的时间，就可能成为该领域的专家。

如果我们能做到每天读 1 小时书，10 年以后，我们就会成为"另外一个人"。在财富上让人难以望其项背的巴菲特，每天都要做的事情不是研究股票，也不是研究"好的公司"，而是读书。在 HBO 播出的纪录片《成为巴菲特》里面，巴菲特每天要花五六个小时来看书，他读得非常快、非常多。巴菲特一生说了无数金句，我认为最重要的一句便是"读书，是我最好的投资"。

如果把复利思维运用在健康上，每天运动一个小时的人，三四十年之后，会比同龄人更健康、年轻。

复利思维还应该被运用在人际交往当中，如果你积极社交，总是给身边的人带来积极的影响或者与他们合作共赢，就会带来正向的复利；如果你不愿意交朋友，或者总是在交往中产生消极的影响，就会带来负向的复利。长此以往，好的人际关系会让你拥有丰富的人脉资源，这些资源无法量化，但会在意想不到的时候给你带来惊喜，让你迎来人生"贵人"；差的人际关系可能会让你的人脉资源成为负数，不仅没有回报，还会为此付出惨痛的代价。

任何事情，只要加入时间的维度，都可以运用复利思维，有的复利是正向的，有的则是负向的。对财富而言，投资收益就是正向的，通货膨胀就是负向的。**一旦加入时间的维度，我们看世界的眼光就会不一样。当我们能以一个四维的视角去看待世界时，我们就能简单地处理在别人看来困难的事。**

还可以从更宽广的范围来思考时间的价值，例如你是选择花钱买时间，还是花时间挣钱？这也正是富人思维和穷人思维的差别，正是不同的思维，最终决定了你是富人还是穷人。

4 怎样找到好资产

● 投资是件专业的事

认识了复利和时间对于投资的价值，就应该认识到，投资是贯穿我们生命始终的事情，因为我们做的每一个选择都与我们的未来息息相关，我们可以把每一个选择看作一种投资，这是广义上的投资。

传统意义上的投资是狭义的投资，也是我们人生中不能忽视的大事。当我们有了一定的积蓄之后，就一定要学习投资、学习资产配置，这样才能保护我们的财富。

我们生活在一个分工明确的社会当中，每一个人都各有所长，也就意味着我们不可能同时精通所有的事情。我们生病会去医院找医生，因为我们自己不懂医疗方法，所以选择相信医生的专业；我们遇到法律问题，会去找律师，因为我们相信律师的专业；甚至我们锻炼身体，都会找健身教练，因为我们相信教练比自己更专业。

每个人都知道，投资就是要找到好的资产。对普通人而言，由于不专业，找好资产就成了一件非常难的事情。**普通人做投资，就要像生病去医院、学习找老师一样，要相信"专业的人做专业的事情"。将寻找好的资产，转变为寻找专业的机构，这就容易多了。**

● 选择你的专业财富管理机构

专业机构的存在，为广大普通人降低投资门槛提供了现实途径，意味着普通人可以将学习复杂的专业知识转变为学习怎样挑选专业的财富管理机构，相对而言，难度就下降了很多。

怎么理解"第三方财富管理"这个概念呢？简单地说，金融市场的两端为资产端（如信托、基金等）和资金端（个人和机构投资者）。而"第三方"就是指区别于资产端和资金端的第三方，它站在客观中立的角度，帮助客户进行财富管理，第三方其实就是我们常说的"理财顾问"。

20 世纪 70 年代，第三方财富管理在美国兴起。由于美国经济快速发展，产生了大量中产阶级，加上金融理论爆发式发展，包括各种金融衍生品在内的投资工具越来越多。资金端和资产端两方的需求都很旺盛，因此催生了以"中介服务"为核心的第三方财富管理。[1]

中国在 2008 年才出现了第三方财富管理的概念，由于发展时间太短，不规范的问题还很多。因此，如何选择第三方财富管理机构就显得尤为重要。

有人说，一定要选择有一定规模的大机构，它们的产品安全性更高。但2019 年的"诺亚财富爆雷"事件为这个说法打上了问号。"诺亚财富"是中国老牌的理财机构，规模庞大。当时业内有个说法："每个城市最富有的一批人，不是诺亚的客户，就在成为诺亚客户的路上。"

"诺亚财富爆雷"事件提醒了我们，在选择理财机构这件事上，不能单纯地以机构大小来作为判断标准。这一方面是出于收益率的考虑，因为大机构通常会

---

[1] 唐涯：《诺亚之雷：中国第三方财富管理的生存悖论》，http://finance.ce.cn/stock/gsgdbd/201907/17/t20190717_32648202.shtml。

聚集大体量的理财资金，而有能力使用大量资金的项目，通常都是国家的大型基建项目，类似这样的项目，国家会有财政投入、银行会给它们贷款，这之间竞争激烈，相对而言大机构的回报率就不可能太高。另一方面，机构过大也会带来风险不确定性。经济学家科斯论证了企业的存在是为了降低交易成本，同时也证明了企业不可能无限扩大，因为当企业扩张到一定程度时，企业内部的交易成本也会变得异常高，产生新的问题。"诺亚财富爆雷"事件发生后，其创始人汪静波就坦言：作为有一定规模的资管机构，确实很难百分之百规避风险。对于诺亚整体 1700 亿元的资产规模而言，34 亿元问题资产只是其资产的一小部分，但对于投资人而言，出了问题就是百分之百的风险。

当然，从另一个角度来看，规模太小的第三方机构也不是太好的选择。因为规模过小，综合能力偏低，就缺乏足够的抗风险能力。各种投资都有周期性，规模太小的第三方机构，可能在周期低谷的时候就支撑不过去"死掉"了，投资人的资金也就会跟着打水漂。

投资者在选择财富管理机构时要注意这几个方面：一是看机构是否具备专业的尽调人员、风控措施和相应的实施人员；二是查阅过往资产项目运营情况，核实机构资产管理能力；三是调研项目、产品的底层资产的真实性，行业性质和操盘经营管理团队的口碑等，确保有还款来源；四是查看融资方提供的抵质押和担保措施，以守住风控防线；五是要认清风险是客观存在的，不迷恋过高收益，投资的时候谨慎选择。

第八章

人生在世，名利双收

"

　　高度概括我们的人生，就是围绕'名''利'二字运转。我们的'名''利'观决定了我们的资产配置方式。资产配置包含消费和投资；观念决定了我们的资产组合的形式，也决定着我们人生的幸福指数。我们该怎样来理解'名'和'利'？该如何将'名''利'与'消费''投资'联系起来，进行人生的配置？或者说，为了实现一个幸福的可传承的财富人生，我们应该具备怎样的观念？

"

1 投资为利，消费为名

● 名和利都是中性词

通常我们讲到"名""利"，很多人就想到追名逐利，或者想到为了名利不择手段，认为这是贬义的，但我认为这种看法是有失偏颇的。"名"和"利"是两个中性词，是好是坏要看获得它们的手段是否正当。

前面我们讲财富，讲怎么做投资，更多的是在讲"利"。我们不能完全不在乎"利"，因为没有财富，我们连生存都很艰难，更谈不上对社会做贡献。但单纯地讲"利"，又会让我们的人生变得很肤浅。儒家讲"修身、齐家、治国、平天下"。我们在财富积累还没有到达一定阶段的时候，可能觉得这句话离自己很远，不过很多人在有钱之后逐渐意识到自己有多大的能力，就要肩负多大的责任。因此，"利"既是在财富方面的投资，要追求投资回报；同时也是对人生的投资，让我们的人生有更多的可能性。

无论是修身齐家，还是治国平天下，这些超出"利"的范畴的人生追求，在我看来就是我们对"名"的追求，是我对广义的"名"的理解。

"名"是一个综合性的概念，它可以指诚实守信，如有信用，有良好的信用记录，这是"名"的一部分。

197

"名"除了关乎自己在别人眼中的形象，也关乎我们的家庭和我们自身的满足感。人们总是忍不住要拿自己的孩子和别人家的孩子去做比较，如果自己的小孩还不错，就会感到很骄傲，反之又会产生失落感。我们和家人的关系、家人的状态也实实在在地影响着我们的情绪、我们的生活。因此，把家人照顾好，实现家庭和睦，也是"名"的一部分。

我也经常因为一些新闻感到揪心。有这样一则报道，一个年轻人患了尿毒症，需要 30 多万元来换肾。他的母亲想到自己曾经买过一份保险，如果意外身故可以获得赔偿金三四十万元。于是，这位母亲就跳楼了，她希望通过保险的赔偿让儿子换肾，她想牺牲自己的生命来换取儿子的生命，但现实是，自杀不能获得赔偿，并且她的保险已经过期了，这样她便枉死了。而他的儿子，也背负了母亲因自己而死的巨大伤痛。

类似的故事总是让我感到痛心。为此，我希望在自己有一定能力的时候去帮助别人。在我看来，这就是对"名"的追求，让我更有热情地去工作，让财富变得更有意义。因此，"名"也是我们自己与我们所处的社会、世界的关系，考验着我们能不能对不认识的人、对社会、对世界有足够的同理心、同情心。

再进一步，"名"也对应着我们与亲戚朋友的关系，考验着我们能不能在别人遭遇困难的时候伸出援手，在别人需要帮助的时候雪中送炭，在别人开心的时候分享快乐。基于此，"名"就是让我们不要成为一个为富不仁的人。

所以，对我而言，追求"名"不是为了出名，而是为了追求名誉、名望，是不论我们有多少财富，都应该毕生追求的东西。我们的人生就这样跟"名"和"利"紧紧结合起来。我们就这样围绕"名""利"二字，为成为更好的人而努力奋斗着。

● 消费是一件需要学习的事

我们怎样做到合理消费？要区分一笔消费到底意味着什么，因为有的消费真的是消耗；而有的消费看起来是消耗，但其或许也是一项投资。

什么消费是投资呢？例如，在这个"看脸"的时代，很多统计数据都表明，外表更好看的人，收入也更高。好的形象，会给人带来正面的效应，会让别人更愿意与他打交道，求职成功的概率更高，发表观点也更容易得到别人的认可，好的外在形象可以给别人一种自信、专业的印象，也会给自己积极的心理暗示。

2019年我做了植发手术，很多人觉得这是一项消费，但对我而言这是一项投资。因为见客户或者会见其他重要的人时，可以给人留下良好的印象，会为接下来的交流带来好的开端。我们都说第一印象非常重要，而第一印象很大程度上是针对外貌而言的。因此，现在人们用于穿着打扮、医美的消费不一定是乱花钱，这些方面合理的支出也可以转化为对未来职业或者个人发展的投资。我们有一个理念叫"活在未来"，简单解释就是指把未来的资源拿到现在来用，这样可能会获得更多机遇，这样看起来是在消费，其实是在为未来投资。

当然，过度消费不属于投资，例如有些女士拥有几百支甚至上千支口红，但常用的就那么几支，还有人不断地买、买、买。除了购买那一刻的满足，这些消费没有给自己带来收益，所以这样的消费是我们应该规避的。

前面我们讲不要恐惧负债，只要我们具备一定的理财知识，拥有合理的财富观念，能够区分消费与投资，不被表象迷惑，借贷消费就是利大于弊的事情。哥伦比亚大学教授瑟里克曼就曾做过一个数据分析，在美国，最低收入的人群只有1/10使用分期付款消费，而收入越高的阶层对分期消费的倾向性越强。瑟里克曼教授认为，严格地把"消费""投资"进行区分对立是没有意义的，因为消费也是投资，消费也是生产，消费也在创造价值。

在我看来，投资性消费不仅实现了自我满足，也为我们带来了更好的收益和名誉。而一些纯粹的消费，如为了享乐而过度负债，不仅消耗我们的财富，还可能因为无法偿债而失信于人，最终名利双失。

● 投资也可以是消费

消费可以是投资，反过来看，如果投资做得不好，没有取得应有的效果，就等于是真正的消费了。

现在很多城市家庭对孩子的教育投资过度重视。给孩子报非常多的兴趣班，让孩子学习各种技能，参加各种各样的考试。有的家长将孩子送进昂贵的私立学校，自己节衣缩食，希望孩子在求学的道路上一帆风顺、光宗耀祖。有些家长希望对孩子的每一笔投资都能收到明确的回报，并将每一个细节都与孩子的未来挂钩，变得非常焦虑，在养育孩子的过程中失去了理性。

在我看来，教育是最好的投资，但教育的成果并不可控，也要靠孩子的天赋和努力。有些家庭把太多的精力放在教育投资上，反而忽视了成长、教育的本质，最终适得其反。他们没有思考，借着为了孩子不顾一切的口号，牺牲了孩子童年的快乐，但这样的结果是否真的对孩子好呢？

我认为，成长是一个循序渐进的过程。孩子通过自己的努力，越来越自信，路越走越宽，一步一步看到更大的世界，或许这才是对他们来说更好的成长方式。如果家长一开始就倾其所有，或许会使孩子骄横、自以为是，反而可能让孩子人生的路越走越窄，失去自信。

从心态上来讲，我们更应该把对孩子教育的投资理解为一种消费，不强求明确的回报，也不盲目跟风，不给孩子倾注超出家庭承受能力的资源。如果父母的投入超过自身承受范围，孩子也一定会感受到超过其承受能力范围的压力，最终或许会失败。

老人养老也是如此。在我们身边有很多老人被骗，买了保健品或保健器材。他们以为是在为自己的健康投资，但其实这些产品并没有效果。这不是投资，而是没有多大效用的消费，甚至危害自身健康。所以，老年人要提高警惕，别轻易上当，要把钱花在刀刃上。

因此，消费和投资并非恒定不变的，它们可以相互转化。在花钱的时候，我们要多思考这是投资还是消费，如果是消费，就要思考它能否转变成投资；在投资的时候，也要思考投资是否能带来收益，并以理性的心态来对待每项投资。

2 信用也是资产

● 信用也是重要的资产

在我们的资产当中，还有一种很重要的资产，但它往往被人们忽略，这就是信用。

简单地说，信用就是通过长时间积累起来的信任和诚信度。传统社会是熟人社会，信用就是人们的一言一行积累起来的声誉。儒家所讲的"人无信则不立"，就是说一个人如果没有信用就无法生存。现代城市是陌生人的社会，在信用社会还没有建立起来的当下，传统诚实守信的道德规范依然约束着人们的言行，却不足以解决实际生活中的诚信问题。现代社会的信用系统，要依靠信息技术才能建立。

我在金融投资领域工作，对信用的问题感受颇深。所谓信贷，**有信才有贷，信贷做的就是以信用为基础的交易，信用在金融投资领域非常重要，可以说信用是金融发展的基石。**在现代城市里，买房、创业都需要大量资金，现在的人要想借钱，要想在需要帮助的时候得到大量资金的支持，就特别需要重视对信用的管理，让信用成为自己的资产。

信用如何成为资产呢？香帅在"北大金融学课"中讲道：信用就是钱，信用就是债务关系中你相信对方还本付息的承诺，承诺就是你的抵押品，你的信用就是对于你做出的承诺的估值，用你的承诺去换取资金的周转。信用越高，这个承诺的估值就越高，古代人所讲的"一诺千金"，背后的金融逻辑便是如此。

对个人来说，良好的信用意味着可以有房贷利率优惠、买车贷款优惠，甚至可以获得优先的工作机会。比如说，我们现在用"花呗"时就可以凭借信用值减免押金、手续费；在很多消费渠道，也可以用信用分期抵扣费用；良好的信用对个人房贷、车贷、消费贷等方面也有很大的作用。

金融市场的交易环境里，信用是一种建立在信任基础上的能力。金融就是围绕信用、杠杆、风险这三件事运行的。中小微企业难以贷到款，其信用体系的缺乏便是原因之一，因为没有信用记录可以查询。如果企业或个人的历史履约情况能够得到很好的记录，信用越高将更容易借到钱，同时也可以减少出借人的风险。信用社会的建立可以大大促进金融市场的良性发展。

● 建立一个信用的社会

美国的个人信用体系相对比较完善，从 20 世纪 60 年代起，美国便开始了现代信用体系的建设。首先推出了多项法律政策，对金融机构披露个人信用进行规范；随着互联网时代的到来，信息技术能够让个人信用更好地被记录和追踪；同时美国社会还产生了各种各样的个人信用评价平台，每个人的收入、医疗、养老、房贷、破产，甚至欺诈都有比较完整的数字记录，通过对这些数字记录的整理和分析，就可以计算出一个人的信用分数。现在，美国广泛使用的一种信用评分是 FICO 信用评分，它是美国费埃哲公司推出的信用评分，对个人信用做了清晰的数字化记录。

在美国，个人信用极为重要，信用记录不仅关系着能不能在需要的时候获得贷款，也关系着生活的方方面面。美国有近 60% 的公司在招聘员工的时候会调用其 FICO 信用评分，分数低很可能就拿不到 offer（录用通知）。有信用可以享受很多便利，没有信用寸步难行。这就使得美国人整体上都非常重视诚信。

改革开放后，中国的金融系统才逐步建立起来，随着互联网时代的到来，支付宝和微信支付等移动支付体系的出现，使中国从现金支付时代跨越到了移动支付的时代，推动了中国信用数字化的发展。

移动支付不仅是商业上的巨大成功，更重要的是，它很可能用短短的时间就使中国走完欧美国家走了几十年的过程，将原本中国信用系统最薄弱的环节——小微企业和个人信用数字化的进程推进速度加快。虽然目前中国的人均信用卡持有率依然不高，但不使用支付宝和微信支付的人并不多。更重要的是，支付宝和微信支付背后是一个完整的生态圈，几乎可以把人们生活的方方面面都涵盖进去，使数据收集更全面、及时，更利于分析和调用。

同时官方也越来越重视信用体系的建设，社保、公积金、生活缴费等各项业务的数据也逐渐接入移动支付系统，个人的网络交易会累积成信用分数。**我们维护自己的信用，也将成为一种投资。这种投资可以转化成信用资本，信用缺失的人将无处遁形。**

● 未来是信用的社会

现在，很多人都有了自己的信用积分，例如支付宝的"芝麻信用"，"芝麻信用"的积分越高，一个人的信用就越好。"芝麻信用"分是通过 5 个方面综合评定的，分别是守约记录、行为积累、资产证明、身份证明和人脉关系。达到一定级别的"芝麻信用"可以享受很多便利，例如可以住酒店免押金、租房免押金、坐飞机升舱、分期购物免手续费。信用就是资产这一现象已经逐步体现在我们的生活中了。

信用系统不仅能给诚实守信的人带来好处，也能打击失信行为。以前，银行和其他金融机构对 10 万元以下的违约者很难采取行动，因为对这种欠款不算太高的"老赖"采取行动，执法成本太高。有了"芝麻信用"后，人民法院和"芝麻信用"合作追踪，由法院提供失信执行人的名单，"芝麻信用"对他们进行降分处理。因为"芝麻信用"适用的消费场景特别广，购物、吃饭、交通……几乎包括了所有的生活场景，"老赖"的日常生活受到了很大的限制。在合作进行了 5 个多月后，很多"老赖"还清了债务。

当然，"芝麻信用"也有一定的局限，这个信用体系覆盖的支付宝用户大都是年轻人，年龄大的人不会使用支付宝或者不经常用，但并不意味着他们的履约能力比年轻人低，所以根据"芝麻信用"判断一个人的信用高低不太全面。

因此，除了互联网企业们的推动外，建设一个信用社会，建立更全面和完善的信用制度体系，还需要大众观念的更新和国家政策制度的推动，也要有相应的制度对个人信息提供保护。

现代社会，一个人的阶层决定了其能动用的资源，个人信用的数字化会促进个人信用资本化和个人行为金融化，让诚实守信的人得到奖励，失信赖账的人寸步难行。信用社会的建立可以将人们的名利统一起来，守信的人名利双收，失信的人名利皆失。

3 消费四象限

● 资产配置中的"名"和"利"

本节中提到的资产配置不是投资领域的一个狭义的概念，而是与人生的方方面面都相关的理念。

我们对"利"的追求，更多地通过投资，看投入是不是能得到满意的回报；而对"名"的追求，更多地通过消费。

"名""利"背后是消费观与投资观，可以指导我们的人生选择。消费和投资也对应我所理解的广义的资产配置，是对我们的资产、时间、知识、精力等方方面面的管理与支配。因此，**资产配置也就是具体化的、实务化的"名"和"利"。**"名"和"利"关乎我们的人生、家庭以及好友，是一个全收益的组合。

名利观也好，复利观也好，都是一个人应该具备的资产配置观念，也是本书反复强调的财富观念。只有拥有正确的财富观念，才能进行正确的资产分析，进而设置配置目标与配置投资方向，听从专业人士的配置建议，最终拥有一份适合自己的配置方案（见图 21）。

我们每天都在进行资产配置与选择，但我们的选择有诸多不合理之处。2018年，广发银行联合西南财经大学发表的《2018 中国城市家庭财富健康报告》显

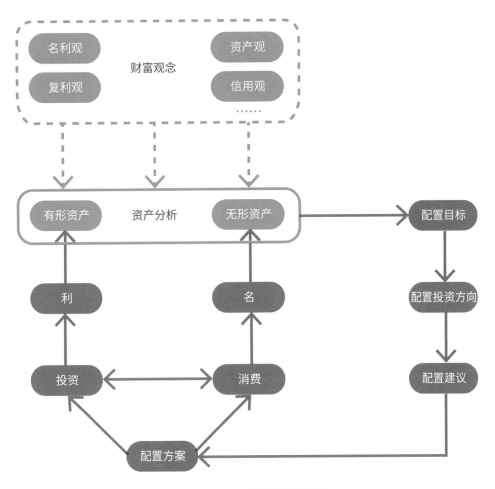

图 21 资产配置思路流程

示，我国城市家庭的户均总资产规模为 161.7 万元，在家庭总资产配置中，房地产占比高达 77.7%，金融资产配置仅占 11.8%。而金融资产配置中，绝大部分为银行存款，其次是股票、公募基金、保险和养老金等。以上数据可见，中国家庭的财富主要流向房地产。反观美国，其家庭资产配置中房地产只占 34.6%，金融资产为 42.6%。[1] 所以，我国家庭资产配置中占比较高的房地产占用了过多的家庭资产，挤压了其他资产的投资。

人们对"名"的认识常常有失偏颇，要么过分追求眼前的利益，而蔑视名誉；要么过分追求好名声，而将自己和家庭的利益甚至核心利益拱手相让。

资产配置对每个人来说都是很重要的，即便你暂时没有钱，你也要合理运用自己的劳动力资源，通过开源节流来积累资金；即便你暂时没有让人交口称赞的信誉，也要脚踏实地地做人做事，积累自己的口碑。

每个人都有无形资产，比如时间，时间对每个人都是公平的，管理时间也是配置资源的一种方式，也能提高有形资产的产出。当你积累了一定的有形资产之后，则需要对有形资产进行配置，要根据不同年龄阶段所面临的约束条件、财务状况、家庭情况进行，要有所侧重，资产配置的比例和资产类别决定你未来的收益。

● **消费的四象限**

资产配置，有标准普尔家庭资产四象限作为指导。关于消费中"名"的部分，我们也可以用相同的思路来构建一般家庭的消费四象限（见图 22），自己、家人、

---

[1] 吴羽：《从房产到保险，盘点中国家庭资产配置的五大不合理现象》，https://m.sohu.com/a/292050976_178037。

亲友、社会，可以按照 4∶3∶2∶1 的比例来进行分配。

第一象限是"自我消费"，占可配置资产的 40%。这部分是我们对自己的消费，包括外在的改变，如调整不自然、不和谐的外表，拥有整齐雪白的牙齿、干净得体的服饰等，提升气质，使自己更加阳光、自信；也包括内在修为的提升，如获得高学历，掌握专业知识，持续跟踪社会热点和趋势等，让自己变得更充实，更有知识、更有能力、更有个人魅力。所以投资自己、在自己身上的消费是非常重要的。只有自己更好，才更有能力去帮助他人。

第二象限是"家人消费"，占可配置资产的 30%。我们经常讲，努力工作赚钱都是为了家人，但在家人之间怎么分配我们的财富投入、时间和关注度，也是

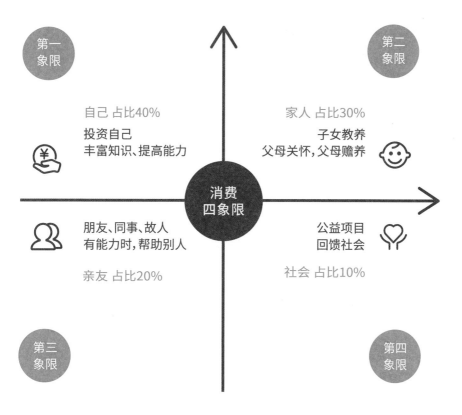

图 22　消费四象限

一门学问。孩子是家庭的希望。教育孩子不能急功近利，要了解孩子的自然成长规律，更要把社会发展进步与孩子的教育路径选择相结合。时间是家长对孩子最值得的投入，孩子需要陪伴。

现在很多父母都把注意力放在孩子身上，而忽略了其他家人，在对父母的关怀上有所欠缺。

作家周大新在《天黑得很慢》中写道："很多老人并没有做好面对老年这一段路的准备。"衰老，是天渐渐黑下来的过程，对人生的这段最后的旅途做好准备，才能胸中有数，不慌张。

进入老年之后，人要面对很多变化：一是陪伴在身边的人越来越少，因此要学会面对孤独；二是社会对自己的关注越来越少，聚光灯不再照向自己，因此要学会适应寂寞；三是路上险情不断，骨折、心脑血管问题、脑萎缩、癌症等都可能来拜访你，因此要学会与疾病共处；四是准备回到床上，重新返回"幼年状态"；五是骗子很多，老人是最容易上当受骗的群体，因为在老去的过程中，有太多恐惧和诱惑。子女需要帮助父母做好准备。

第三象限是"亲友消费"，占可配置资产的 20%。这部分包括我们的亲朋好友。中国是一个礼仪之邦、人情社会。做好亲友关系管理不仅是文化传承的需要，也是我们生存、发展的需要。所以，当他们有需要的时候，我们要力所能及地予以帮助。

第四象限是"社会消费"，占可配置资产的 10%。这部分就是回馈社会，帮助更多的人。就算我们还没有足够的财富，也可以在力所能及的情况下，通过参加一些公益项目或者捐款，伸出我们的援助之手。

4 实现资产最佳配置

● **实现个人资产的最佳配置**

结合抽象的"名""利"和具体的消费、投资，我们该如何实现自己的最佳资产配置呢？

人的一生按时间分为几大阶段，即童年、青年、中年、老年。在这里，我们暂不讨论童年。在其他几个不同的人生时期，我们需要不同的资产配置方案，目的是让资产效益和效用最大化。因此，我们必须清楚自己在各个阶段有哪些资产，有哪些主要的需求，然后根据自身实际情况决定应当偏重于资产配置价值最大化，还是需求最大化，或者两者合理兼顾。在进行系统梳理后，我们会拥有更多的经验和更强的认知能力，由此在面对人生不同阶段时，制定并实施最适宜的资产配置方案，实现美好人生（见图 23）。

（1）青年时期

一般而言，青年时期是指刚刚参加工作到组建家庭、事业逐渐成形的阶段。这一阶段，应当以资产配置的价值最大化为重，偏重无形资产投入。

这一阶段，工作机会很多，就算失业也能很快找到工作，父母往往也还年轻，因此也没有太大的照顾父母的经济压力。所以，在青年时期要加大对自己的

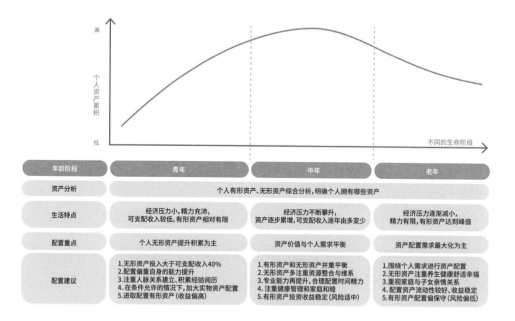

图 23　人生不同阶段的资产配置方案

投资，由于对风险和负债的承受能力也比较高，更要善于利用时间换取资金。在这一阶段。追求高回报率的投资标的或者通过负债来购买固定资产，都是合理的选择。

年轻人拥有非常大的优势，即拥有较多的作为无形资产的时间。通过金融工具可以实现资金在时间上的转化，年轻人应该想办法将未来的现金流转化成今天的投资和消费。如果只打理非常有限的有形资产，忽视工作技能、经验积累等无形资产，那么有形资产创造的回报很可能低于无形资产创造的回报。例如，一个人把时间花在提升专业技能方面，可能会在短期内实现涨薪，并为今后的发展打下基础。而如果他仅有非常少的本金，就想要通过投资理财而获得丰厚回报，是很难达成所愿的。

在通货膨胀的作用下，钱可能越来越不值钱，投资实物资产是比较好的选择。在条件允许的情况下，加大实物资产配置，增强自己积累资产的意识是非常重要的。

因此，结合"名"和"利"两个维度，青年时期可以采用"进取型"的风险偏好，在满足自我修炼、居住和日常生活支出的基础上，要有意识地进行消费支出规划和投资规划，不断积累经验，可多考虑安全性和收益兼顾的投资产品，不断对投资机构的投资模式进行了解、学习和研究。

（2）中年时期

普遍来说，中年时期就是人生中的"三明治"时期，这一阶段大多数人已经成家，养育孩子、赡养父母的经济压力逐渐显现出来。

当然，这一时期的收入普遍高于青年时期，同时也有了一定的固定资产，这意味着中年人也是有一定的风险承受能力的。这一时期，就适合采用"中立型"的风险偏好，一方面要巩固家庭的现有资产；另一方面要通过多元的资产配置来承担自己多重社会角色的责任，如职业发展、父母的养老、子女的教育、家人的健康投资等。也就是说，需要兼顾资产配置的价值最大化和需求最大化，保持平衡状态。

这一时期，要采用多元的资产配置方式以分摊风险，满足多种需求。一般而言，除了继续配置固定资产、股票等，还可以运用信托、人身保险等工具，合理分配风险与收益，进一步完善子女教育、风险管理、退休养老等资产配置。

在中年时期的尾声，将进入退休前的准备时期，可以将家庭风险偏好调整为"轻度保守型"。这个时候，要重视投资收益的稳定性，做好养老金储备。另外，除了做好退休养老的规划以外，有条件的家庭或家族还需要进行财产传承的规划。

中年人在经营有形资产的同时，也需要配置无形资产。不管是专业能力、经验阅历，还是人脉关系，都需要做好沉淀规划。

简单来讲，中年人既要重视养生，也要多挣钱；既要追求舒适生活，也要积极投资理财。因此，需要具备资源整合能力，从而找到资产配置的平衡点。比如，如果不懂证券交易市场，那么可以借助专业机构来配置有形资产，减少在这方面的精力消耗，将时间投入其他更擅长的领域，以实现价值最大化。再比如，若想学习养生，不用自己去摸索，而是请教一些专家朋友，寻求专业建议，整合其他各方面资源来实现需求最大化。

(3) 老年时期

老年时期，资产配置应该侧重于需求最大化。

在美国，这个时间点一般出现在 50 岁左右。美国的家庭资产调查显示，人在 50 岁左右的时候，风险资产配比是最高的，然后就一路开始下滑。从此以后，人的现金流开始减少，承担风险的能力变弱，而医疗等大笔花销开始增多。一般情况下，人到了这个时期也拥有了一定数量的固定资产和风险资产，这个时候资产配置就应该采用"保守型"的风险偏好，把风险资产的配置比例降下来，并且要考虑将固定资产进行转化，增强资产的流动性。

在美国老年人中流行"以房养老"，就是将房屋抵押给银行，银行每月付一笔钱，直到老人去世。这叫反抵押类型的金融安排。年轻的时候把未来的现金流抵押到当下去借贷、消费，年老之后就可以做一个反向的抵押。这种反抵押类型的产品在欧美发达的金融市场已经比较普遍了，在中国也开始慢慢兴起。当然，我们前面讲过的分时分权养老地产，因为有固定资产的保值增值属性，又有较好的流动性，需要的资金不多，也是老年时期可以考虑配置的资产。

不同家庭情况不同，有条件的老年人也不必过度保守。试想，如果这一时期拥有 1000 万元的资产，在资产配置里投入 10%～30% 购买股票型基金，就会让整体资产回报率提升 2%～4%，那么 1 年就可以增加 20 万～40 万元的回报。每年有这样的收入，对退休的老年人来讲，也是不错的收益。

老年人对资产配置价值最大化的追求有所控制，但应加大对资产配置需求最大化的追求。尤其需要加大身体健康、快乐生活、养生锻炼等无形资产配置，这时候，前文讲过的消费四象限配置就有了指导价值，当然也可以根据自己的能力和喜好随性分配。

通过对人生不同阶段的资产配置的分析，我们可以看到，不管在人生的哪个阶段，都需要有资产配置的观念，把金融工具看成一个个小小的时光机器，把我们的财富在人生的轨道上进行分配。在年轻的时候投资自己；在中年时期合理地进行投资转化；在年老的时候享受资产配置的成果，拥有财富自由的人生。

● 利用家族办公室实现家族资产的最佳配置

对于有的家庭或者家族而言，当资产达到了较大的规模后，就更应该运用专业的服务围绕"名""利"配置人生，像资产配置需要专业机构的帮助一样，我们可以通过家族办公室的专业服务来实现"名""利"的最佳配置。家族办公室在中国还是一个新鲜的事物，但随着中国人财富的增长，它将越来越多地走入人们的生活中。

有观点认为，家族办公室起源于古罗马时期的家族管家，那时很多家族希望通过管理来做整体的筹划。现代意义上的家族办公室起源于 19 世纪的欧美国家。1882 年，美国"石油大王"约翰·洛克菲勒建立了世界上第一个家族办公室，只为洛克菲勒家族服务。

后来，越来越多的家族效仿这个模式。在今天的美国和欧洲，几百个家族办公室已经服务了三代以上的家族成员。创立欧尚超市的法国穆里耶兹家族，绵延五代已经拥有 700 名以上的家族成员，他们庞大的家族事务正是由家族办公室维持的。

中国的家族办公室正处于起步阶段，家族办公室不同于单纯的财富管理机构，而是围绕"名""利"全面展开的。在金融方面，家族办公室要帮助客户配置金融资产，实现家族财富的保值增值和传承；在非金融方面，家族办公室要维系客户的家族传承发展和家族文化，围绕家庭成员的培养教育、身心健康、情感凝聚、家族价值来打造。

从财富管理机构到资产配置机构再到家族办公室，在我看来是自然而然的事情。你拥有了一定的财富，就需要对财富和家族事务进行综合的管理和考量。中国已经有很多富豪组建了自己的家族办公室，比如香港恒隆集团老总的陈氏家族基金、阿里巴巴创始人马云和蔡崇信成立的 Blue Pool Capital、龙湖地产董事长吴亚军成立的吴氏家族基金等。

欧美国家的家族办公室，服务的对象一般是资产达到 1 亿美元的家族，1 亿美元是一笔很大的财富。我们正在建立服务更多中国家庭的家族办公室，我们的概念叫"战略升级、降维打击"。

"战略升级"的含义是，我们为超高净值的客户提供除资产配置、财富管理以外的一系列服务，例如子女教育的规划、婚姻关系的管理、家族文化的传承等。

中国人讲究"家和万事兴"，随着年龄的增长，我越来越意识到这句话的重要性。夫妻关系不和，离婚就要平分财产，可能对某一方而言，财富就缩水了一半，而很多人到这时才意识到婚姻关系、婚姻规划有多重要。

家族文化的传承也很重要。随着中国人财富的增长，传统家族文化的观念也在回归。有远大理想的公司都有自己的定位和使命愿景；家族想要得到持续不断的传承，也需要自己的家族文化、家族使命等。穆里耶兹家族强调团结。任何想要参与家族企业的成员必须遵守"家族宪章"。在华人世界，也有传承了四代的李锦记家族，他们打破了富不过三代的魔咒，并且很早就成立了家族委员会，制定了"家族宪法"。上至股权分配，下至人才培养，都做了详细的规定。对于接班人，要求"家族的下一代要进入家族企业，必须符合三个条件：第一，至少要大学毕业，之后至少要在其他公司工作 3 年至 5 年；第二，进入公司的应聘程序和入职后的考核必须和非家族成员相同，必须从基层做起；第三，如果发现其无法胜任工作，可以再给一次机会，如果仍旧没有起色，一样要被炒鱿鱼"。

"降维打击"的含义就是我们所针对的家族财富，不是 1 亿美元级别的超级富豪，而是 1000 万元到 3000 万元，3000 万元到 7000 万元，7000 万元到 3 亿元资产的家庭，都可以依据不同情况得到相应的服务。因为家族办公室的模式是非常多样化的。单一家族办公室和联合家族办公室都可以只提供较少的服务，只设一到两个核心功能；也可以提供详尽的、全方位的解决方案。客户的预算、需求、愿望各不相同，通过不同的服务方式，可以让每个客户都享受到符合自身需求的服务。

家族办公室是社会发展到一定阶段的产物。用家族办公室的模式能大大拓展财富管理的内涵，将人生与"名""利"更好地结合起来，追求自己和家庭资产的最佳配置，实现财富和家族文化真正的传承。

第九章

认识你所在的时代

"

40 余年，中国经历了经济环境的急剧变化，在一轮又一轮致富浪潮中，哪怕我们只抓住其中一轮，都可能获得令人瞩目的财富。现在我们进入了一个新时代，迎来了百年未有的大变局。在这个时代，机遇依然存在，挑战也格外突出。新的中美关系、国际形势该如何理解？国内政策环境的变化，刚兑的打破和个人破产保护制度的到来，又该如何应对？新的互联网技术、数字货币和区块链的发展，将给我们带来哪些方面的改变？在这个新时代，我们的财富将会走向何方？

"

1 迎接打破刚兑的冲击

当潮水退去的时候，才能知道谁在裸泳。

——沃伦·巴菲特

● 刚兑违背经济规律

中国投资者可能是世界上最乐观的投资者，他们当中的很多人总是充满热情地抱着全部身家进入资本市场，却很少思考风险。这背后不是投资人傻，恰恰是因为投资人太"聪明"。

虽然中国金融体系还不够发达，但依然出现了大量"债券类"的融资和投资方式，例如信托计划、理财产品等。与西方传统的固定收益类产品不同，这些"债券类"产品带有强烈的刚性兑付特质，投资者相信，政府、监管者、金融机构和投资产品的发售者会对风险负责，而自己只需要关心投资的收益就可以了。

投资者相信政府会对投资项目进行隐性担保："赚的钱是自己的，出了事国家一起担。"

可以说，中国多年来财政与金融的纠缠，已经形成了斩不断理还乱的"刚兑文化"，它与良性的"信托文化"相对峙。投资人相信自己的资金一定有保障，完全不担心信贷违约，认为就算出了问题，政府也不会坐视不管。

221

但刚性兑付违背经济发展规律，因为任何投资都是有风险的，都存在不能兑付的可能性，"刚兑文化"让"投资有风险，入市需谨慎"成为一句空话。同时，这种"不顾安全、追逐利润"的投资方式，不可避免地会导致很多投资脱离实际价值。

● **刚兑一定会被打破**

不破不立，刚兑到了必须要打破的时候了。

自 2010 年起，国家出台了很多文件，意在划清财政和金融的区别，现在更是明确表明要打破刚兑。

2019 年 6 月，证监会副主席李超在陆家嘴论坛上表达了打破刚兑的决心。他说："不是要保护高风险机构，是要保护市场，把风险传递阻断；要允许破产，个别机构、产品出现风险是好事，淘汰掉高风险高杠杆冒进的机构；信用收缩不可避免，但不能过于剧烈，要平滑，以时间换空间，降低杠杆；该爆的机构要爆，要快速处置。我们的目的是要解决误伤，而不是救出有问题的机构。"

2019 年被称为"理财子公司元年"。截至 2019 年 8 月，有 11 家银行的理财子公司获批筹建，22 家待批准，涉及理财产品总规模接近 20 万亿元，占行业理财规模的近 90%。[①] 理财子公司的成立，有助于中国金融系统打破刚性兑付。很多人都关心，理财子公司与母行的资产管理部门之间的关系。据《中国证券报》报道，有些银行明确表示要保留母行的资产管理部，但这个部门的职能可能与原来的不大一样：不再从事资产管理业务，而是协调全行资源，处理好银行各部门

---

① 任泽平、方思元、杨薛融：《理财子公司深度报告：变革、影响与展望》，https://xueqiu.com/5382 130346/131460009。

与子公司之间的对接、协调。此外，大多数银行更倾向于过渡期结束后就不再保留母行的资产管理部门。

因此，对投资人而言，以后通过银行理财子公司进行投资，一旦资金出现问题，投资人只能去找理财子公司，而不是银行理赔。如果理财子公司破产，投资人的资金就难以保障了。

在这个前提下，我们进行理财，选择投资项目，不能再像以前一样随意。正如我们一直强调的，投资要回到资产上来，要选择好的资产进行投资。要对投资项目的过往业绩、参与团队、有没有好的抵押物等方面进行判断。以前大家想当然地以为银行理财产品是安全的，但今后就不能盲目地认为银行理财产品百分之百安全了，在打破刚兑的情况下，银行理财是有一定风险的。一两年以后，银行理财或许就会有问题逐渐浮出水面。

当然，打破刚兑不是一瞬间的事情，它需要一个阶段一个阶段进行，将风险慢慢释放。当相关机制、法律措施建立起来后，如破产保护制度出台，打破刚兑就是必然的。

2 警惕个人破产保护制度

● 什么是破产保护

破产保护到底保护什么呢？破产保护，其实是重组的一种形式。

破产保护的核心是，债务人在资不抵债的情况下，向法院提出破产重组申请。债务人提出破产重组方案后，需要受到一定时间的财产和消费限制，然后经债权人通过，并经法院确认后，债务人才可以继续营业。比如在 2008 年的美国金融危机中，汽车巨头克莱斯勒和通用汽车就一度宣告申请破产保护。在欧美地区，破产保护分为企业破产和个人破产：企业破产往往是出于公司经营的商业性决定；而在个人破产申请上，虽然欧美地区有对债务人破产友好的传统，但是个人破产也一样会带来名誉的损失和个人的负罪感。

在中国，很长一段时间以来只有《中华人民共和国企业破产法》，个人破产制度讨论了很多年都没有推出。个人破产保护制度在 2019 年被提上日程，主要与近年来增长迅速的借贷规模有关。政府债务、企业融资、各路借贷平台频频"爆雷"，"714 高炮""现金贷""套路贷"……一些债务人被弄得家庭破裂甚至不堪高负债而自杀，类似的事情时有发生，这些看起来都是债务惹的祸，但制度不健全也是原因之一。

2019 年 7 月，《加快完善市场主体退出制度改革方案》发布，提出研究建立个人破产制度。该改革方案的出台引发了激烈的讨论。一旦中国推出个人破产保护制度，它会成为"老赖"的保护伞，还是"诚实而不幸"的人的护身符？

● 破产保护制度的好处

企业破产制度对市场经济而言，无疑是重要的。企业家精神鼓励创新和冒险，但创新和冒险难免失败，暂时失败的企业可以通过申请破产保护、进行重组走向重生。在中国民营经济走在最前面的温州，企业家之间就流传着一句话："与其跑路，不如申请破产保护。"

前面提到的，2009 年在经济危机中申请破产保护的通用汽车，只用了创纪录的 40 天，就走出了破产保护；16 个月之后，通用汽车正式回归纽约证券交易所，IPO 规模达到创纪录的 201 亿美元；2015 年，通用汽车全年净利润达 97 亿美元，创历史最高纪录。[①]

在中国，很长一段时间以来，相比有限责任企业，个人的债务是无限责任的，所以当一个有限责任企业面临融资困难的时候，一些企业家会以个人名义借钱来帮助企业渡过融资难关。个人破产保护制度可以为失败的企业家解套，给他们东山再起的机会，避免让"诚实而不幸"的企业家因创业失败而走上跳楼、自杀的不归路。

因此，个人破产保护制度是有利的。第一，这一制度可以让诚实的债务人得到新生的机会，为失败的企业家解套，同时还可以清理信用不好的企业，促进资源的合理配置和有效利用。第二，解决执行难的问题，当借款人无力偿债又不能

---

① 　魏晞：《从底特律到温州：中国对"破产"准备好了吗？》，http://www.chinanews.com/cj/2016/06-14/7904293.shtml。

申请破产，而债权人也无法申请借款人的破产，一些债权债务因此成为"烂账"，破产保护制度的建立可以使一部分无法执行的"烂账"被化解。第三，超前消费观念兴起，意味着未来我们的经济生活将在高负债情形下运行，个人的债务风险将会越来越大。因为还不起债而引发的恶性案件也会越来越多。所以，对于一时还不起钱的人来说，申请破产保护可以对个人的财务状况及时"止损"。

● 破产保护制度也需警惕

前面我们讲到，国家有意打破刚兑，现在又要推出个人破产保护制度，这些制度都有益于经济的发展和市场的规范，但同时也需要引起投资人的警惕，因为借款人有自己的权利，出借人也有相应的权利，借款人得到保护，那出借人的权益有没有相应的保护呢？

个人破产保护制度本质上是对债务人的救济体系，在实际操作中体现为对债务人债务的豁免，目的是将"诚实而不幸"的债务人从债务的泥淖中解救出来。因此，要坚守"诚实而不幸"这个底线，警惕通过个人破产保护制度逃废债的可能性。

回头来看，中国的金融市场和金融监管都还不够发达，信用体系也尚未完善，个人破产保护制度一旦出台，是不是就意味着以后很多投资人的资金安全将没有保障，信贷违约风险就会增加？很多人都对个人破产保护制度比较担忧，担心会进一步侵蚀本就脆弱的社会信用基础。中国最高人民法院的统计显示，党的十八大以前，全国法院年执结的被执行人财产案件中，80%以上案件的被执行人存在逃避、规避甚至暴力抗拒执行的行为，自动履行的不到5%，消极等待强制执行的约占 15%。[①] 如果实行了破产保护，可能有部分"老赖"会据此合法逃避债务，那么债权人的利益就会遭受很大的损失。所以要避免个人破产保护制度被"老赖"利用，我们还需要诸多制度建设的支持。

破产保护制度有利有弊，对于个人而言这并不意味着可以随意欠债；对于债权人来说，要警惕通过破产保护制度恶意逃债的情况。所以在日常的投资过程中，就更要选择好的项目、好的资产，做好风险规避，对资产进行合理配置与优化，保护自己的财富。

---

① 刘子阳：《最高法报告交卷"基本解决执行难"，代表委员如何评判？》，https://www.sohu.com/a/301069677_120025840。

3 从中美贸易摩擦到科技战、金融战

● **躲不掉的"修昔底德陷阱"**

这两年，中美关系成了很多人关注的话题。中美贸易摩擦，显然并非想要缩减中美贸易逆差这么简单，归根结底是赤裸裸的大国之间的实力竞赛，是霸权国家对新兴大国的战略遏制。

现在的中美之争，就是所谓的"修昔底德陷阱"，它是指一个崛起的大国，必然要挑战现存的大国，而现存的大国也必然要回应这种威胁，两国之间的"战争"不可避免。这一理论被认为是国际关系中的"铁律"。

哈佛大学教授格雷厄姆·艾利森在其所著的《注定一战——中美能避免修昔底德陷阱吗？》一书中指出，从 16 世纪上半叶到现在的近 500 年间，在 16 组有关"崛起大国"与"守成大国"的案例中，有 12 组陷入了战争，只有 4 组成功逃脱了"修昔底德陷阱"。

因此，中美之间的状况，不是中国愿不愿意进入这样的状态，而是中美一定会进入这样的状态。因为中国的崛起对现存的大国、强国构成了威胁和挑战，所以中国会面临来自它们的打压和遏制。想明白了这一点，我们就能理性地去看待中国与美国的关系、中国与世界的关系，去接受我们现在所处的状态。

中美之间，已经从贸易摩擦逐步升级到了科技战、金融战。

● 绕不开的话题，中美贸易摩擦

先来说说贸易摩擦。2017 年 8 月，美国总统特朗普指示对中国开展"301 调查"。根据调查结果，2018 年 5 月，美方提出"平衡美中之间的贸易关系"，要求对中国加征关税，要求中国加大知识产权保护；2018 年 7 月，美国对 340 亿美元的中国商品加征 25% 的进口关税；2018 年 9 月 18 日，美国政府宣布对约 2000 亿美元的中国商品加征关税，税率为 10%，并将于 2019 年 1 月 1 日起上调至 25%；2019 年 5 月 5 日，特朗普发推特表示将从 5 月 10 日开始对中国 2000 亿美元输美商品加征关税，关税税率从 10% 提高到 25%；2019 年 9 月 1 日，美国政府向价值 1120 亿美元的中国商品加征关税，商品清单中包括鞋、食品和纸尿裤等。本轮关税实施后将使美国家庭每年多支出 800 美元的生活成本。中国也进行了反击，在贸易摩擦开始以来首次对美国的原油征收关税。

虽然加征关税对中国的经济产生了一定的负面影响，但贸易摩擦让美国受到的损失更大。美国经济学家、2008 年诺贝尔经济学奖得主保罗·克鲁格曼在《纽约时报》发表文章表示："特朗普没有赢得贸易战。诚然，他的关税损害了中国和其他国家的经济，但它们也伤害了美国。纽约联邦储备银行的经济学家估计，最终，物价上涨将让每户美国家庭每年多支出超过 1000 美元。"

美国对中国组装的商品加征关税，这些组装的制造企业并不会转移回美国，只会转移到越南等其他亚洲国家，这对美国没有任何好处。特朗普加征关税的后果已经非常明显，进入 2019 年下半年之后，美国民众反对加征新的关税的呼声越来越强烈，听证会有高达 96% 的代表表示反对加征关税。

长期的贸易逆差让美国一直都不乏对中国挑起贸易摩擦的冲动。此次贸易摩擦的直接原因是美国产业空心化已经相当严重，中西部、东北部和五大湖区出现了大面积锈带（The Rust Belt）地区，造成了大量的失业和工厂倒闭现象。

特朗普提出了"反全球化"的主张，承诺夺回失业蓝领被其他国家夺走的工作机会，这些地区的失业蓝领把选票投给了特朗普。

锈带是指美国那些曾经辉煌后陷入衰退的老工业区。哈佛大学教授爱德华·格莱泽在《城市的胜利》中指出，1950—2008 年，美国最大的 16 座城市中有 6 座城市的人口下降了一半以上，它们分别是布法罗、克利夫兰、底特律、新奥尔良、匹兹堡和圣路易斯。[1] 这些城市的蓝领失去了工作，收入急剧降低，并因此对美国政府的原有政策产生了强烈的不满，期待改变，他们的选票成为改变美国政治局势的关键力量。

特朗普虽然之前赢得了选举，但他的关税政策并不能给美国传统产业工人带来新的工作机会，也不会给中国带来想象当中的致命打击。中国经过几十年的发展，已经形成了完备的工业体系。美国在全球通过技术、金融、服务赚钱，但在制造业上，美国的优势不如中国。如今产业链是全球化的，制造贸易摩擦对世界经济只有坏处没有好处。

● 美国挑起"科技战"，杀敌八百自损一千

再来看看"科技战"。2015 年，国务院发布了《中国制造 2025》，这是中国政府实施"制造强国"战略的首个 10 年纲领。美国对这个计划非常警惕，认为中国想要在未来重大科技领域领导世界的"野心"非常明显，美国媒体把这称为中美争夺高新技术产业制高点的"新冷战时代"。

2018 年 4 月，美国政府宣布未来 7 年内禁止中兴向美国企业购买敏感产品。

---

[1] 赵福帅：《锈带：美欧老工业基地的衰落与复兴》，http://www.ifengweekly.com/detil.php?id=3553。

2018 年 7 月，美国商务部暂时、部分解除对中兴的出口禁售令，中兴支付 4 亿美元保证金。2019 年 1 月，美国司法部对华为提出 23 项刑事诉讼，并向加拿大提出引渡华为副董事长、首席财务官孟晚舟的请求。2019 年 5 月 16 日，特朗普签署总统令，宣布美国进入"国家紧急状态"。美国商务部将华为列入"实体清单"，试图禁止华为与美国企业的芯片和安卓系统的交易。2019 年 6 月，美国商务部又将中科曙光等 5 家从事超级计算机研发的机构加入"实体清单"，禁止美国企业向其提供技术及元器件。许多中国籍或华裔科学家在美国的研究工作也受到很多干扰，甚至被迫中止。

挑起"科技战"对美国而言，是"杀敌八百自损一千"的事情。一方面，因为华为的"极限生存"思维和强大的技术研发实力，华为不可能成为下一个中兴。另一方面，美国高科技企业向华为销售产品有巨大的收益，它们普遍反对特朗普对华为的禁令，其销售收入和利润受损也可能会导致美国高科技企业后续研发投入不足。此外，因为中国的反制，美国大豆等粮食的出口大幅度减少，美国农民的收入受到了较大影响。

但从另一个角度来看，挑起"科技战"又是美国不得不做的事情，因为美国或许将面临世界科学中心转移的危险。世界科学中心转移又被称为"汤浅现象"。日本科学史学者汤浅光朝提出，当一国的科学成果数量占到世界科学成果总量的 25% 时，就可称为世界科学中心。16—18 世纪，英国凭借牛顿的经典力学理论与瓦特的蒸汽机成为世界科学中心；19 世纪末 20 世纪初，随着西门子发明发电机、爱因斯坦提出相对论、普朗克奠定量子力学，德国成为头号科技强国；20 世纪中期，随着爱因斯坦因第二次世界大战移民美国、首颗原子弹在美国爆炸、贝尔实验室研制出晶体管，美国取代德国成为世界科学中心并保持至今。汤浅光朝认为，世界科学中心平均维持时间为 80 年左右，按照这一总结预测，美国的世界科学中心地位到了被新兴势力挑战的关键时期，而这一新兴势力正是中国。[①]

科技是历史的杠杆，是霸权国家更迭的根源，是大国崛起的支点。每一个世界头号强国的崛起，无一不是凭借强大的产业技术革命作为支撑，科技才是国家实力的关键所在。

虽然中国的科技实力整体上与美国还有差距，但近年来中国快速而醒目地崛起，已经让美国感受到了威胁。发动"科技战"意味着美国已经提前对危机做出了反应，也提示了危机中潜伏着中国的巨大机遇。

中国一定会更加坚定地发展科技，这不仅关系着中国的未来，也关系着全世界的未来。因为只有科技发展才是解决经济衰退的根本之道，而科技的发展，需要全世界共同努力。

● "金融战"的冲击

中美摩擦之中，真正让我担忧的是"金融战"。2019 年 8 月 5 日，人民币汇率"破 7"。8 月 6 日，美国旋即认定中国为"汇率操纵国"，这或许意味着中美"金融战"已经拉开了序幕。

太阳底下没有新鲜事，美国在成为世界霸权国家之后，打击苏联、经济快速发展的日本和一体化的欧洲，已积累了丰富的"贸易战""科技战""金融战""地缘战"等经验。20 世纪 80 年代，美国就迫使日本加速推进金融自由化，利率自由化、资本兑换自由化和放松市场准入等，使得海外资本迅速涌入日本市场，日本的金融资产及房地产泡沫快速堆积。20 世纪 90 年代初，日本泡沫破裂，从此

---

① 任泽平：《从全球视角看中美科技实力对比》，http://opinion.caixin.com/2019-05-22/101418548.html。

陷入了"失落的 30 年"。

接下来，美国有可能故技重演，通过逼迫中国过快开放金融市场，冲击中国金融机构，大量引入外资催生泡沫，再助推泡沫破灭，完成对中国的"剪羊毛"。美国还有可能对中国的金融机构、企业甚至个人发起金融制裁，冻结其在美资产或阻止其赴美融资等。

此外，由于互联网技术的不断更新、数字货币的诞生以及区块链技术的发展，除了传统的"金融战"，中国还将面对新的互联网金融技术的冲击。

4 数字货币及区块链带来变革

● 全球流通的数字货币

2019 年 6 月 18 日，Facebook（脸书）发布了数字加密货币 Libra 白皮书，宣布将建立一套简单的、无国界的货币，服务于数十亿人的金融基础设施，一举震惊了全世界。我也受到了很大的震撼，我认为在未来的"金融战"当中，中国最应该警惕的就是 Libra 以及其他可能对中国货币体系造成冲击的数字货币。

从比特币横空出世起，到以太币，再到摩根这样的金融机构推出的数字货币，没有哪一个像 Libra 引发了整个货币和金融世界的紧张。

为什么 Libra 需要警惕？因为 Facebook 拥有巨大的用户基础，Facebook 加上旗下的 WhatsApp（瓦次普）在全球共有 27 亿用户，其中在全球四个主要区域的月活跃用户为 24 亿，它的动员力量有多大，可想而知。一旦数量如此之大、分布如此之广的人口使用了相同的数字货币，人与人之间点对点的连接将被大大加强。一个人完全可以在 Libra 协会成员构成的商业生态内生活，用 Booking（缤客）订酒店、用 Uber（优步）出行、用 eBay（亿贝）购物……并在每一环都用 Libra 实现简单快速的结算。

这样一来，Libra 就可能渗透到任何主权国家的各个角落，与任何一个国家的国民生活密切结合。Libra 无须获得政府发放的资质或牌照；Libra 的使用者能够绕过本国金融机构，形成支付网络。除非各国政府有能力封锁每个人的上网途径，不然就无法对 Libra 造成致命打击。

Libra 不同于比特币，它选择百分百挂钩一篮子银行存款和短期政府债券。这与比特币等虚拟货币有本质的区别，Libra 的币值将更稳定。2019 年 10 月 23 日，Facebook 首席执行官扎克伯格在美国国会的听证会上表示："Libra 储备金主要是美元，它可以确保美国经济在全球市场的主导地位。"美元已经是全球货币，如果 Libra 成为数字美元，就更容易形成"超主权货币"，将对很多主权国家的货币产生很大的冲击。

这正是 Libra 在全球受到抵制的原因，因为它有可能会颠覆主权国家现有的货币。想想看，当 Libra 以美元为基础，通过虚拟的网络，跨境进入全世界各个国家后，它就有可能操纵全球货币。因为跨地域、跨国境，Libra 对全球的货币体系，对现有的主权货币将产生巨大的冲击。每个国家都希望有自己的货币，如果没有自己的货币，国家对经济金融的把控也就无从谈起。如果 Libra 成为"超主权货币"，会首先进入很多金融基础设施落后的小国，对这些小国的金融体系造成冲击，同时也冲击这些国家的货币政策体系。这些国家的商品可能直接使用 Libra 定价，货币甚至都可能被完全取代。"数字美元"如果在全球流通，也会有这样的吸附作用，把这些国家吸空。

在 2019 年 10 月 23 日的美国国会听证会上，扎克伯格还提到了以下几点：一是美国需要讨论不创新的风险，尤其需要考虑中国人民银行的数字货币；二是中国有一部分支付基础设施比美国先进，美国必须在现有基础上建立更现代化的支付基础设施；三是中国公司将是 Libra 的主要竞争对手。如果中国的金融系统成为越来越多国家的标准，那未来美国很难实施制裁和各种保护措施。

Libra 也会带来反洗钱和反恐融资上的威胁。在听证会上，美国财政部和国会最关心的就是 Libra 对资本流动的管理，关心钱会不会通过这个途径流到敌对国家去。此外，全世界还有数不清的暗网、黑市，涉及人口贩卖、毒品、武器交易等犯罪，如果没有有力的监管，Libra 也将为这些犯罪提供巨大的便利，使邪恶更容易滋生和蔓延。因此，6 小时的听证会，扎克伯格未能打消国会议员们的疑虑。会后，美国财长姆努钦宣布：推出加密数字货币 Libra 的计划尚不成熟。再加上欧元区和七国集团的一致反对，Libra 计划实际已被搁浅，扎克伯格随后也宣布：Libra 计划推迟发布。

尽管从目前的形势来看，Libra 依然前途未卜，但它已经揭开了世界"金融战"的冰山一角，也揭示了区块链与加密货币技术强大的爆发力，区块链理念下的加密数字货币已经成为一种不可阻挡的技术趋势。

● 区块链——未来的技术

区块链到底是什么？ 2008 年，中本聪发布了一篇名为《比特币：一种点对点的电子现金系统》的文章，并公开了早期实现代码，比特币由此诞生。比特币是区块链技术的第一个应用，因此，很多不明就里的人们将区块链与比特币等同起来。随后出现了一系列号称"某某币"的项目，蕴含着大量炒作、投机、欺诈的风险，让很多人上当受骗，损失惨重，于是很多人认为区块链也应该被打击。

区块链是一种将数据区块有序连接，并以密码学方式保证其不可篡改、不可伪造的分布式账本（数据库）技术。通俗地说，区块链技术可以实现系统中所有数据信息的公开透明、不可篡改、不可伪造、可追溯。一个比喻或许更加简单明了，买家从卖家手里购买了一件商品，买卖双方就同时向全网"喊话"：我们完成了一笔交易。然后区块链上的每一个节点同步记录下这笔交易，一个个小账本构成了一个超大账本，同一笔交易在不同的小账本上保持一致，公开透明，无法篡改。[1]

因此，将区块链等同于数字货币是不对的，区块链有远远超过数字货币的想象空间。2019 年 10 月 24 日，中共中央政治局举行第十八次集体学习，强调要把区块链作为核心技术自主创新重要突破口，明确主攻方向，加大投入力度，着力攻克一批关键核心技术，加快推动区块链技术和产业创新发展。[2]中国的区块链技术正在全速奔跑，2010STO 年，国内区块链企业只有 379 家，但截至 2019 年 10 月底，就已经达到了 27513 家。

区块链被认为是继蒸汽机、电力、信息和互联网科技之后，最有潜力触发第五轮颠覆性革命浪潮的核心技术。在未来 5 年至 10 年，很多行业可能会被区块链颠覆。

例如我们前面讲过的保险行业和房地产行业。区块链技术能让保险业越来越回归本质：链接标的、重拾信任、分担共享。一旦区块链技术在保险业成熟，传统保险公司的很多规则都将被打破，为行业带来新的场景和可能性。在房地产行业，区块链可以改变房地产市场的运作方式，合并许多复杂的流程和房地产公司通常要处理的事务，加快交易进程、减少欺诈行为，使交易过程更加透明、安全。房地产行业的 STO 交易平台诞生，还能将大型固定资产项目进行分拆，使投资者可以购买其中一部分，大大降低了房地产投资的门槛。

此外，区块链还将引发股票交易、供应链金融、物联网、共享医疗、智能合同、身份验证、文件存储、共享经济等行业的颠覆性变革。

---

[1]　陈静：《区块链：推开信任世界新大门》，http://www.xinhuanet.com/tech/2019-11/04/c_1125187931. htm。

[2]　成岚：《习近平在中央政治局第十八次集体学习时强调 把区块链作为核心技术自主创新重要突破口 加快推动区块链技术和产业创新发展》，http://www.xinhuanet.com/politics/leaders/2019-10/25/ c_1125153665.htm。

在当今世界，区块链就是一个竞速战争，是标准制定和话语权的战争，谁最先开发出最厉害的公链，并让世界上绝大多数应用和绝大多数人使用，或许就能掌握规则的制定权。[①]

● 中国数字货币走在世界前列

数字货币，通俗地理解就是运用区块链技术或者区块链原理的虚拟货币。未来，数字主权将会是构成国家综合国力的重要部分，数字主权将与金融主权处于同等重要的地位。哪个国家在数字化浪潮前越主动，受到的冲击就越小，并将在未来占据越多的主动权。

Libra 没能通过美国国会的听证会，与之形成鲜明对比的是，听证会 24 小时后，中共中央政治局就区块链技术发展现状和趋势进行第十八次集体学习，中国的法定加密数字货币（DCEP）也进入了测试与改进阶段。

早在 2014 年，中国就开始了数字货币 DCEP 的研究。DC 是"数字货币"的英文 Digital Currency 的缩写；EP 则是"电子支付"的英文 Electronic Payment 的缩写。

在数字货币这条赛道上，各国都在拼命抢占先机。公开信息显示，中国、美国、印度、新加坡、加拿大、瑞典、巴哈马等国家的中央银行都在进行数字货币布局。国际清算银行调查了全球 63 家中央银行，其中 70% 的中央银行都将从事数字货币的理论研究。

中国又一次走在了世界的前列，除了数字货币研发早，中国还没有欧美国

---

① 黄希：《等一个时机！中国版数字货币大猜想》，《国际金融报》2019 年 11 月 18 日。

家旧框架的束缚，中国的第三方支付本来就走在世界最前列；中国还拥有人口红利，这使得中国相关数据多，大量的数据和更加细分的使用场景能够帮助央行不断完善数字货币设计。研发自己的数字货币也是在为促进人民币国际化而努力，这或许是人民币挑战美元霸权的一次机会。在现有全球金融格局下，人民币要挑战美元霸权难度非常大，或许靠数字货币可以实现弯道超车。

截至目前，DCEP 可能是全球唯一一个基于国家主权信用的"数字法币"。中国人民大学国际货币研究所副研究员曹胜熙曾说："一个大胆的判断是，中国可能会是世界上第一个发行法定数字货币的国家。"**数字货币的竞争并不完全是技术的战争，它同时也是金融话语权的战争，哪个国家最先让与本国法定货币锚定的数字货币占领最大份额的市场，就掌握了国际市场上的金融主导权。**[①]

在数字货币这条赛道上，机遇与挑战并存，我们应该在技术上做充足的准备，抢占先机；同时也要有完善的金融系统作为背后的支撑。

---

① 黄希：《等一个时机！中国版数字货币大猜想》，《国际金融报》2019 年 11 月 18 日。

5 中国国运蒸蒸日上

● 百年未有之大变局

从 2016 年到现在，世界局势变得越来越复杂。2016 年，英国脱欧、特朗普当选美国总统。到了 2019 年，抗议活动在全球更普遍了，因为交通价格上涨，智利人民走上街头示威；黎巴嫩也发生了类似的动乱；由于取消燃油补贴，厄瓜多尔的民众也走上了街头。在政治上，这些都可以叫"黑天鹅"事件，你想不到它们会发生，但它们就是发生了。

近几年，各个国家民粹浪潮兴起，美国主导向全世界，尤其是向中国发动贸易摩擦，欧洲爆发了"黄马甲运动"。这些都是近几十年经济发展不平衡，贫富差距越来越大的后果。**美国的官方数据显示，过去 30 年，美国最富有的 1% 的人的财富增长了 650%；最穷的 20% 的人的财富减少了 28%。这种财富的分化，不仅在美国发生，在全世界很多国家都在发生，这就使得中下层人们普遍不满，想要寻求改变。**

这 30 年，恰恰是中国经济飞速发展的 30 年。如果不加以思考，确实容易认为是中国"抢走"了其他国家的机会，但事实不是这样的。欧美国家的贫富差距是因为市场竞争有个根本的特点"winner take all"，即赢家通吃。这是经济学家熊彼特的发现，市场经济的残酷和魅力都在于此。中国在经济发展的过程中，也产生了贫富分化，这点与世界上其他国家并无二致。

现在很多人都说，面对未来，叫"the only thing certain is uncertain"（唯一能确定的是不确定）。这就是我们将要面临的时代：从现在起到未来很长一段时间，世界是不确定的。在这个很多具体事件的走向不确定的基础上，又有一个大趋势——世界正在面临百年未有之大变局。

这个百年未有之大变局就是东西方力量对比的大变化。过去几百年，西方在科技、经济领域的创新，引领世界的发展。现在，中国也现代化了，中国也掌握了现代制造业和先进的科学技术，甚至在部分领域走在了西方的前面。历史的天秤开始向东方倾斜。

中国的崛起还意味着现代化的路径不止一条，不是只有西方制度这一条路才能通往现代化。中国的发展历程给全世界其他国家提供了一个参考，即人类社会可能有多条道路可以通往现代化，通往繁荣和富强。

● 用软实力征服世界

中国的发展路径在事实上证明了社会发展的方式可以是多样的，冷战结束后，在西方国家甚嚣尘上的"历史终结论"[①]并不存在。但中国与西方相比，正如经济学家陈志武所讲的"还缺少一个一以贯之的故事"。

这个故事是指我们国家对外的一套话语体系，一个统一的贯穿社会、政治、经济、文化方方面面的价值体系、制度体系、文化体系。中国在经济上的成就已经毋庸置疑，这是一个故事；在政治上，是一个故事；社会文化，又是另一个故

---

① 美国政治经济学者弗朗西斯·福山在其著作《历史的终结及最后之人》中提出了历史终结论，认为西方国家自由民主制可能是人类社会演化的终点，是人类政府的终极形式。

事。没有人把这些故事统一起来，我们没有一个统一的"文化输出"。

这种缺失导致我们在国际上很难被理解，也更容易成为被攻击的对象，因为别人不理解你，就容易把你当作一个"异类"。

要改变这个现状，不是靠展示中国的制造能力或者经济实力就能够实现的，更多地要靠提高我们的"软实力"，让我们的文化被别的国家接受和认可。**现代社会，全球的竞争在资源竞争、资本竞争之后，最终都将进一步演变为文化竞争，而文化软实力的比拼，说到底是核心价值观的较量。**

在中国的传统文化中，在中国人的价值体系中，从来都不缺少有用的、优秀的价值观，如中国文化传统中对家庭责任和家庭教育的重视，中国传统政治中对和平、理性的推崇等。这些价值观放在世界任何地方都是会得到认可的，并不与西方主流的价值观相冲突，我们需要把这些"软实力"用西方人容易理解的语言重新阐释，让中国的文化真正影响世界。

在输出经济影响力之外，还要输出中国的文化影响力，这对中国而言是一个真正的挑战。如果我们能让中国的"软实力"走出国门，中国就将真正地实现伟大复兴。

● 我们的目标是星辰大海

很多人问我，中美贸易摩擦以及纷繁复杂的世界局势，跟我们老百姓有没有关系？我的回答是：既有关系，也没有关系。中美发生摩擦，当然对我们老百姓有影响，因为这个世界发生的一切事情，最终结果都要由全世界来承受，因此我们就需要更加聪明，通过学习和运用相关的知识来保护好我们自己。

世界局势、国家关系、宏观政策这些事又太大了。做贸易的人可能从世界局势变化中感受到切肤之痛，但对于更多的普通人而言，每一个具体事件的影响，要经历很多过程才能传递到我们的生活中来，我们想关心也关心不了。事情将往什么方向发展，更不是我们能够决定或者改变的。所以，作为一个普通人，更重要的还是要立足自身，过好自己的日子，好好生活。

新冠肺炎疫情让中国短暂地"停摆"，而在这段时间内，中国向世界展示出了强大的动员能力、组织能力和协调能力，让世界看到了中国人民的凝聚力。大到一个城市，小到一个村、一个社区，中国人的组织能力、执行能力都非常值得称道。

疫情是全球危机，更是一块试金石，中国经受住了考验。危机过后，中国经济将迎来新一轮高质量发展。

我们在好好生活的同时，还要对国家的未来有信心，要对时代和财富抱有更坚定的信念，每个人要加倍地努力，抓住时代的机会，努力实现人生目标，奔向财富自由！

后　记

这是一条方法之路，也是一条思想之路。

我从不认为财富是在"术"的层面上追逐，财富应在"道"的层面上追寻。人们往往不明白，外部条件的变化不仅影响自身的财富与资产，而且影响自身的观念，这是人性层面的话题。在我过去几十年追逐财富的道路上，我更多的是获得了顿悟。

本书的创作方式与众不同，从名利观出发，正视生命本身，加上对方法论的理解与自身实践，构成了这本《奔向财富自由》。

书中有我的感悟，也有大量的案例和数据分析。我始终坚信，一种现象的背后总有规律的存在，现象瞬息万变，本质却始终如一。

这本书的创作离不开运作机构考拉看看团队的支持，从 2019 年 7 月到 2020 年 5 月，我和考拉看看团队频繁交流，我的思想愈加明朗，从我们所能观察的案例，到寻找数据支撑，再到从经济学、行为学等多维度分析。

我们触及了几个核心问题：中国人的财富从何而来？又去了哪里？如何构建？如何追寻？其间，我们查阅了上百万字的学术资料，又结合最新现象，力求正确认识我们所处的时代。

向考拉看看团队致谢，向张小军先生、马玥女士、喻倩媛女士、侯佳欣女士、熊玥伽女士致谢。从我们每一次的思想碰撞，到每一个细节的打磨，我深知，与一个满怀热情的内容团队一起工作，带给读者的将是一部精彩的作品。

向置上股权的投资人、客户致谢。他们让我找到了要创作这样一部作品的初心，他们的闪光点是我思想的源泉，他们的实践给了我更多思考的动力。

向蓝辉旋先生致谢。在整部作品的创作过程中，他更多思考的是我们的原创思想是什么，我们的创作价值是什么。他擅长从专业角度去思考底层逻辑的问题，擅长思辨，对每一处说法以及图表都进行充分的论证。因蓝先生的努力，本书更严谨，更具有时间穿透力。

向吴波先生致谢。就互联网保险这个主题，他提供了相关的观点和资料，以及置上股权参与互联网保险、网络互助的详尽资料，并与我们一起展开了关于保障体系构建的思考。

向李帆致谢。他是理工科出身，对经济、金融、投资等领域都颇为了解。他广泛阅读，擅长数据分析，喜欢用模型来表达对某一个问题的理解。在本书创作过程中，他在数据分析和图表制作方面起到了极大的作用。

向置上股权团队所有成员致谢。最终成稿时，大家群策群力，从不同方面多次碰撞作品。感谢张茂梅、蒋雨琼、付琴、彭晓、叶莉苹等人一丝不苟的精神。我们坚信，这本书不是专业的学术教材，它不应该高处不胜寒，而应该让所有人都能读懂。我想，这本书不是我一个人的作品，而是置上股权全体成员的智慧与总结。

向我最亲爱的家人致谢。财富自由之路是一个人的生命之路，而家人令我的生命更美好，也让我的追逐更有意义。

后记

向我的读者致谢。写作因您而生，我愿意为您继续观察、思考与写作。

欧阳俊

2020 年 10 月 19 日

《奔向财富自由》

著者 欧阳俊
策划 考拉看看

读者服务

4000213677 （028）84525271

《奔向财富自由》
内容工作组其他成员：

蓝辉旋 吴波 李帆 康成
张小军 马玥 喻倩媛 侯佳欣
熊玥伽 李开云

内容简介

中国人经历了从羞于谈论财富，到追逐财富自由的过程。实现财富自由，是当下人们最关心的话题。

在作者看来，财富自由不仅意味着物质财富的满足和自由，也包含精神的"财富自由"。追求财富自由，是追求人生"名"与"利"的统一与和谐。"名"是指一个人的个人品牌、心理满足、价值体现等无形的财富；"利"是指与"钱"相关的一切事物，是物质财富。人生无外乎追求"名"与"利"，于"名"，是消费，于"利"，是投资。

财富观也是名利观，更是人生观。认清"名"与"利"，你就拥有了一个基本的"财富观"。财富自由的源头是财富观念，财富观念需要通过资产配置来实践。本书以作者自身的投资经历和经营实践为线索，通过探讨国家与个人经济发展历程、经济与金融基本概念、房地产与保险等行业背景、网络互助与分享经济等创新业态，展现财富观念建立与否对个人财富积累形成的巨大差异，为读者建立资产配置观念及实践提供切实可行的参考意见。

本书不仅教你如何实现财富自由，而且帮你打开通向财富自由之路的那扇门。打开它，你就能正确地认识财富，创造财富，拥有一个美好的财富人生。

著者

欧阳俊

上海置上股权投资基金管理有限公司董事长，先后就读于中国矿业大学、西南交通大学，获得 MBA 学历。曾经参与金融支持产业发展上海金融环境调查，配合完成《上海金融投资考察汇报》；研究探索私募股权投资基金运作模式、风险控制、产品设计；主导完成多个大型项目整体发展规划、融资规划和基金设立方案及实施；负责某产城示范园投资运作和融资体系搭建，构建发展规划等。

终身学习者，坚信学习、探索、合作是不变的主题，也是目标和方向。

策划

考拉看看

考拉看看是中国领先的内容创作与运作机构之一；由资深媒体人、作家、出版人、内容研究者和品牌运作者联合组建，专业从事内容创作、内容挖掘、内容衍生品运作和超级品牌文化力打造。

考拉看看持续为政府机构、公司企业、家族及个人提供内容事务解决方案，每年受托定制创作超过 2000 万字，推动出版超过 200 部图书及衍生品；团队核心成员服务超过 200 家上市公司和家族，已服务或研究过的案例包括褚时健家族、腾讯、阿里、华为、TCL、万向、娃哈哈及方太等。

协作团队

考拉看看
Koalacan

由资深媒体人、作家、内容研究者和品牌运作者联合组建的内容机构，致力于领先的深度内容创作与运作，专业从事内容创作、内容挖掘、内容衍生品运作和品牌文化力打造。

A content institution jointly established by media experts, writers, content researchers and brand operators, committed to creation and operation of leading-edge and in-depth contents, specializing in content creation, content mining, content derivatives operation and cultural branding.

书服家
Forbooks

专业的内容出版团队，致力于优质内容的发现和高品质出版，并通过多种出版形式向更多人分享值得出版和分享的知识，以书和内容为媒介，帮助更多人和机构发生联系。

A professional content publishing team committed to the discovery and publication of high-quality contents, sharing worthwhile ideas with people through multiple forms of publication, and thus acting as a bridge between people and institutions.

写作 | 研究 | 出版 | 推广 | IP 孵化
Writing/Research/Publishing/Promotion/IP incubation
电话 TEL 400-021-3677　　Koalacan.com

特邀编创：考拉看看　钱瞻 钱瞻

装帧设计：云何视觉　何晚婷　汪智昊

全程支持：书服家

微信二维码 考拉看看　微信二维码 书服家　微信二维码 读书交流